国际时尚设计丛书·服装

[英]茱莉安娜·席泽思(Juliana Sissons) 著
郭瑞萍 张茜 译

时装设计元素：针织服装设计

（原书第2版）

中国纺织出版社有限公司

内 容 提 要

本书探索了针织服装设计师可用的工具，演示了如何设计针织花型，并展示了家用针织机的基本操作技术。

茱莉安娜·席泽思是时装设计师与教育工作者，她致力于研究从传统到现代的不同纱线与纤维，并提供了易于学习的图解、练习范例以及跨度甚广的丰富插图。

设计师访谈部分，对针织服装设计产业提出了深入的见解，以及如何在行业中抢占先机。

本书第2版包含一个新的男装章节，该章节使用案例研究的方式，展现如何将之前章节中对针织技术的探索用于男装设计。案例研究中涉及的人员有：帕·伯恩（Pa Byrne）、埃拉·尼斯贝特（Ella Nisbett）、本·麦克南（Ben McKernan）、拉塔莎·哈蒙德（Latasha Hammond）、肯德尔·贝克（Kendall Baker）、玛蒂尔达·德雷珀（Matilda Draper）、卡洛·沃尔皮（Carlo Volpi）。

图书在版编目（CIP）数据

时装设计元素．针织服装设计 /（英）茱莉安娜·席泽思著；郭瑞萍，张茜译．-- 北京：中国纺织出版社有限公司，2020.10

（国际时尚设计丛书．服装）

书名原文：Basics Fashion Design：knitwear

ISBN 978-7-5180-7820-2

Ⅰ．①时…　Ⅱ．①茱…　②郭…　③张…　Ⅲ．①针织物—服装设计　Ⅳ．① TS941.2

中国版本图书馆 CIP 数据核字（2020）第 163579 号

责任编辑：宗　静　　特约编辑：阚媛媛

责任校对：寇晨晨　　责任印制：何　建

中国纺织出版社有限公司出版发行

地址：北京市朝阳区百子湾东里A407号楼　邮政编码：100124

销售电话：010—67004422　传真：010—87155801

http：//www.c-textilep.com

中国纺织出版社天猫旗舰店

官方微博 http：//weibo.com/2119887771

北京华联印刷有限公司印刷　各地新华书店经销

2020年10月第1版第1次印刷

开本：710 × 1000　1/16　印张：13

字数：196千字　定价：88.00元

图0-1
瑞贝卡·斯旺身着奶白、灰色和黑色相间的超大型针织衫。服装采用真丝、羊毛和皮革，通过机织工艺实现。

针织服装和针织制品的认知范围很广，可以从家庭手工针织品跨越到先进工业技术的商业产品。针织技术的机械化比工业革命早了150多年，并继续站在数字时代变革的前沿。手工编织曾一度与战时的节俭以及“为胜利而编织”联系在一起，它再次出现在公共面前，是人们在咖啡馆和社交聚会中学习手工编织，并用其创造出具有略微颠覆性的艺术品。然而，对那些想要从事时尚和针织品行业的人来说，这个公众认知已经远离复杂的软件工程，那是基于对针织组织的需求与了解以及对服装形式（在肩部形成松散褶皱的形式，或是用针织编织合体的廓型）的考量，将二维针织面料转化为三维形式的技术。

茱莉安娜·席泽思著《针织服装设计》的第2版，为大家提供了新的灵感，这些灵感来自专业设计师及时装、纺织品课程的毕业生，这些毕业生不仅来自英国的综合类大学及艺术类院校，也是首批来自美国的学生。在该书第一版发行期间，男装发展起来并形成独立的时装周，这一发展反映在本书关于男装的完整章节中，该章节中包含了对男装时尚针织品牌兄弟（SIBLING）前任设计师科泽特·麦克里（Cozette McCreery）的访谈。

朱莉安娜·席泽思在高等院校工作，她既是服装设计师，也是制板师。她诠释了针织这种媒介在时尚语境中令人激动的无限潜力，它超越了经典，成为无处不在又不可或缺的元素。书中包含的技术、设计及见解，为进行大量关于纱线、针织组织、图案、肌理、造型和颜色的实验提供了基础知识，无论是在行业中还是作为设计师或制造商，都将启发新一代的时装、纺织品设计师走得更远并进行创造。

——桑迪·布莱克（Sandy Black），
伦敦时装学院教授

图0–2

男装由丝、羊毛和单丝纱线制成。通过家用针织机将合股纱线编织成超大尺寸比例的针织服装。设计师阿比盖尔·库普（Abigail Coop），2017年毕业时装秀的亚军，针织服装类金奖得主。

“米索尼家族的美学根植在我的内心深处，我母亲、祖母和我都有不同的风格，但我们拥有共同的品位。”

——玛格丽塔·米索尼（Margherita Missoni）

针织工业可追溯到16世纪早期，但是它从未像当今这样兴盛与活跃。针织技术创造出无穷的新产品，它以一种独立又具实验性的方法介入时尚设计中。现代技术与生产的最新发展，伴随着现代处理和纺纱技术的进步，使针织工业重获生机。针织服装出现在服装市场的各个层次中，从工业化批量产品，如袜类、内衣和运动服装，到将其雕塑感的品质运用于高级时装和配饰，如手袋、鞋类以及珠宝。针织品（针织类产品）也广泛应用于艺术、室内实际和建筑设计中。在中端市场中，针织类产品也存在着无限广阔的应用可能，如在艺术、室内设计和建筑设计中。

《时装设计元素：针织服装设计》：这本书开篇叙述了针织技术与针织服装设计的简要历史，并介绍了纤维、纱线、机器设备和工具。接下来本书将通过大量项目概要和技能实践，带领你穿越创意设计发展的各个重要阶段。例如：如何编织针织小样、家用针织机的基础技术及如何设计针织图案。本书探讨了二维和三维设计间的区别，探索针织品的肌理和雕塑质感。在重点探讨了更精细的细节、剪裁、装饰及服装扣合方式后，作者开启最后一章，这一章检验了实现男士针织服装的可能性。这一新的章节采用了与之前章节不同的研究方法，即通过对国际男装从业者的典范，来示范本书所探索的针织技术是如何应用于当今的针织服装设计的。

男装设计在时尚产业中是一个新兴领域，设计师们突破的界限比以往任何时候都多。学生们正成为独特的主题、概念及影响力，为设计革新的成果带来有价值的资源。因此，给予男士们更多的自由去探索更具挑战性的色彩搭配、更炫目的服装质感以及在服装范畴上的令人兴奋的发展。

书中对时装和针织服装设计师以及针织纺织品专家的访谈，是用来表明你能够与针织品共事的不同方式提供灵感以及洞察针织服装行业的职业范畴。

我希望本书可以在基础技能、理论知识及设计灵感方面为你提供帮助，并帮助你设计出自己的创意针织作品。

图0-3
凯瑟琳·马弗里迪斯（Katherine Marridis'）的超大廓型针织衫设计源自一个系列的手工编织设计作品，该作品采用了立体卷绕工艺。

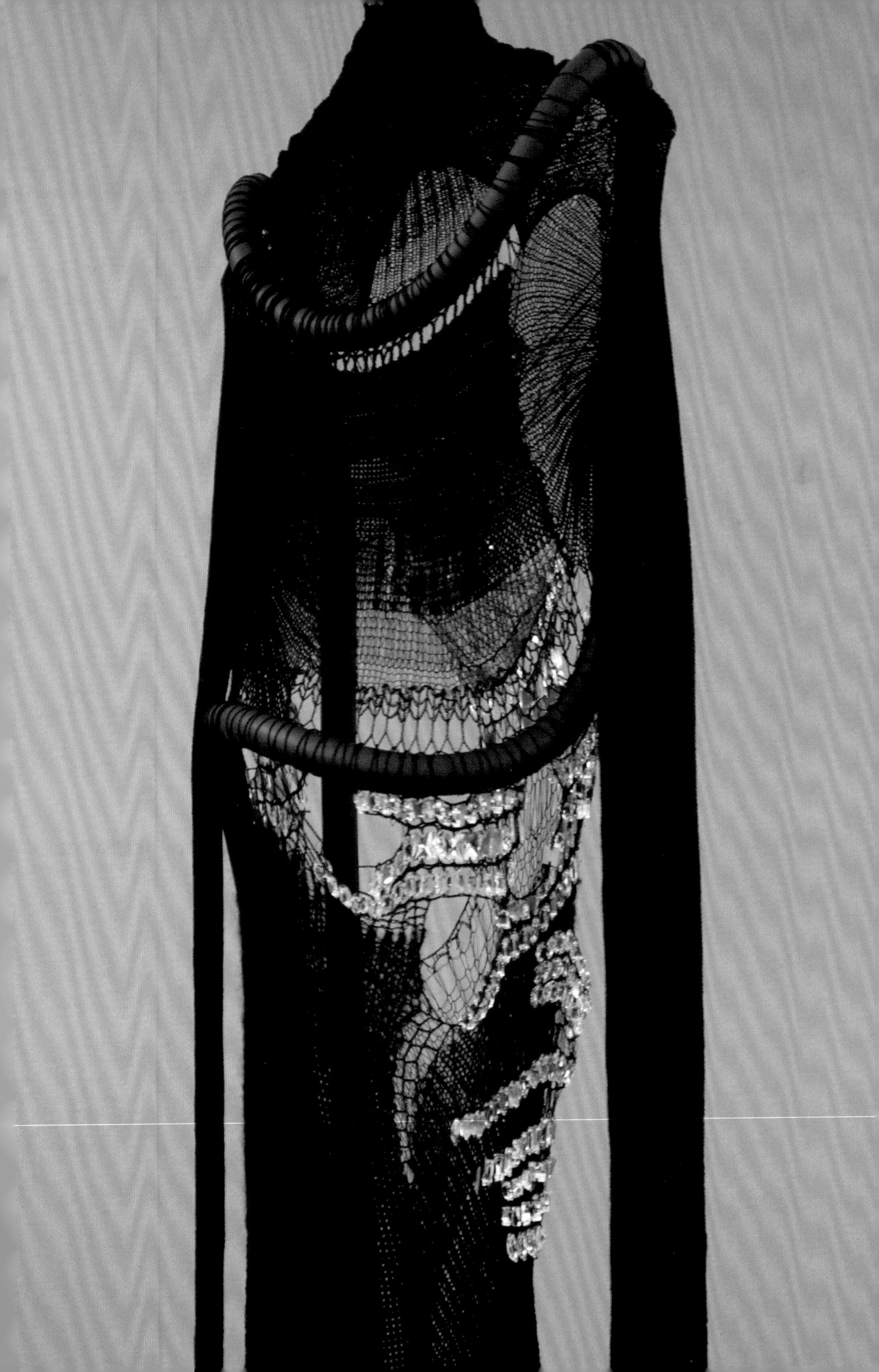

目录

5

细节和装饰　123

6

行业实践者：男装　149

1 走近针织

为了以新的眼光来看待针织技术和一些理所当然的想法，我们首先要了解这些技术在历史上是如何形成的，来解读那些经典的、永恒的设计，使之成为未来设计作品重要的、创造性的起点。手工编织和提花技术历经一代又一代被传承下来，使人们更好地将针织技术作为一门知识性和艺术性共存的传统来理解。每年，越来越多的新晋设计师从服装和纺织专业学校毕业，通过把他们的设计与早期针织设计师的作品对比，故事也拉开序幕。

本章主要对针织品和针织服装设计进行介绍，并比较了传统针织技术和现代针织技术的革新。本章关注了从传统到现代的不同纱线和纤维的特点与性能，其中涉及金属纤维、钢化纤维和塑料纤维。并对针织机器和针织编织工具以及针织生产加工工作的不同方面进行了概述。最后，本章着眼于研究设计与技术的发展是如何彻底重塑这一传统手工艺的。

“工作时能够创造属于你自己的面料是一种自由。而对于我来说这绝对是一种挑战。”

——桑德拉·柏克伦德（Sandra Backlund）

图1-1
由比约尔格·斯卡弗辛斯代蒂尔（Björg Skarphéðinsdóttir）设计的装饰有施华洛世奇水晶的针织服装。

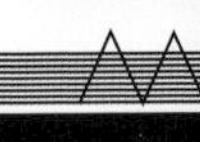

重塑传统针织品

科技的发展使创造针织服装及纺织品的新方法得以实现，然而很多学生和设计师正从传统技术中寻找灵感启发，将其与当代设计理念融合。设计师们利用针织所具有的独特特性，采用特殊的纱线和材料来扩展设计的边界。在手工艺、设计和新技术之间有一种自然的相互影响。让我们来欣赏这些传统的针织品——根西渔夫针织衫、阿兰绞花针织衫、费尔岛提花针织衫和蕾丝制品，并探索它们的现代创新。

针织技术简史

很早以前，羊毛织物便用于保护我们。并且早在公元前1000多年，人们就可以使用手指进行编织了。与法式圈织相似的环形编织技术，也可能跟手针编织一起被使用。

大量欧洲绘画刻画了圣母玛利亚进行针织编织的情景，这足以证明针织技术早在14世纪便已经存在了。如图1–2所示为绘画大师伯特伦（Bertram）刻画圣母玛利亚（Madonna）的作品，画中她正在用四根棒针编织耶稣基督的无缝针织衫。手工编织在中世纪的欧洲司空见惯，诸如斗篷、手套和袜子之类的针织编织，是非常重要的产业。

1589年，牧师威廉·李（William Lee）发明了针织袜机，这带来了针织服装贸易的

图1–2
《天使的拜访》，也被称为《编织中的圣母玛利亚》，作者为明登市的绘画大师伯特伦，1400～1410年。

图1–3
由威廉·李（William Lee）于1598年发明的针织机。

变革。这种针织机最初用来加工舍伍德林区（Sherwood Forest）的短而精细的羊毛，能够织造出粗纺的农夫长袜。伊丽莎白女王拒绝给威廉颁发专利权，因为女王担心这项发明会危及针织手工业，因此威廉没有能够成功地推广这个设备，于是，威廉继续开发用于加工丝绸的针织机：起初的设备每英寸有8根针；新的针织机据计算每英寸有20根针，并且它非常适合制作昂贵的花式长筒袜。但英国人依然对此不感兴趣，于是威廉将针织机带到法国，并在这里最终证明了它的成功。到17世纪末，针织机的数量骤增，覆盖到整个欧洲地区。针织过程变得更快捷，因为此时不再是单针织，而是一次可以编织多行。这种针织机后来逐渐被改进，到了18世纪，编织网眼的概念扩展了针织设计的视野。到19世纪晚期，针织服装工业已经非常庞大，新的技术革新为横机铺平了道路。

泽西针织衫与根西针织衫

泽西针织衫（Jerseys）与根西针织衫（Guernseys）源于海峡群岛，恰好比邻法国北部海岸。这些渔民服装耐磨、舒适又保暖；它们用含脂羊毛织成，针法紧密，可以抵挡雨水和溅起的海水。传统的泽西针织衫与根西针织衫是深蓝色的，几近黑色，采用环形编织，使用4根或更多棒针，可以织出无缝的效果。

这些服装在设计样式上常呈现条状花型，有时在条状花型之间出现不同的组织结构。多亏17世纪贸易通道的开放，它们很快成为英国各地渔民的必需品，并在各处很快衍生出新的针织花型组织（在别地常被称为“Ganseys针织衫”），针法也一代一代传承下来。针法图案的价值在于它具有的个性化。这些服装被珍藏、整理、修护并继承下去。有观点认为在海上遇难的渔夫是可以通过他根西针织衫的手工工艺被辨认出身份的。

图1-4
大约在1900年，设得兰群岛的渔民们穿着采用精梳羊毛手工编织的针织衫，他们身着针织衫的花型各异。

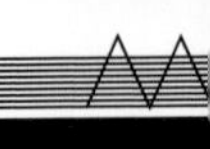

图1–5
2016年学生毕业时装周的冠军肯德尔·贝克（Kendall Baker），他的系列针织服装探索了多种绞花设计在男装上的应用。

阿兰针织衫

阿兰群岛比邻爱尔兰西海岸。多数史学家认为阿兰套头衫属于距今较近的发明。爱尔兰政府于1890年发出倡议，鼓励贫穷的家庭纺布和织毛衣，并进行销售，以补贴家用。

这种服装最初由粗且未经处理的羊毛编织而成。编织用的羊毛保留了天然的羊毛油脂。在多数情况下羊毛是奶白色，但有时是黑色。阿兰针织衫拥有繁复的花型，这些针织花型呈现出紧密的缆绳、蜂巢、菱形和格纹效果，通常在织物正、反面呈现出不同的花型效果。阿兰针织花型的基础组织是单条单向的绞花和一组相互绞缠的绞花，这类绞花通常由一定数量的独立花型组成，因此独立花型之间可以相互缠绕。典型的阿兰针织衫设计是中间有一组针织平面花型，两边接着针织平面花型和绞花组织。编织者可以使用工具将一个线圈或者一组线圈置于另外一组的前面或后面。

图1–6
设计师亚历山大·麦昆（Alexander McQueen）在2006年秋冬时装发布会对传统阿兰针织花型的现代诠释。

费尔岛针织品

费尔岛针织服装以其丰富的色彩与独特的图案而闻名。费尔岛是设德兰群岛南部的一个小岛，这是一个知名的贸易中心，受到来自北海和波罗的海舰队的频繁造访。在费尔岛针织中可以看到诸如斯堪的纳维亚地区和西班牙等地对其的影响。

家庭手工业的蓬勃发展和持续繁荣，直至19世纪早期才开始衰落。到20世纪初，费尔岛针织品再度流行；编织工匠们继续在图案和色彩上进行创新。到了20世纪20年代，这种费尔岛针织风格成为富有阶层和中产阶级独特的风尚。

如果说阿兰针织品注重肌理效果，费尔岛针织品则更偏重于图案和色彩。费尔岛针织将设计的重复排布和基本图案进行组合，图案排布可分为垂直排列、水平排列以及方形块状排列。编织说明通过表格来展示，能直观地展示出设计的最终视觉效果。图案与不同排列序列组合将产生极大的设计潜力。在本书第80页可以看到更多的关于费尔岛针织品的图案。

图1–7
汉娜·泰勒（Hannah Taylor）制作的费尔岛针织服装。

图1-8
菱形图案长袜的现代演绎，设计师薇薇安·韦斯特伍德（Viviene Westwood），2007年秋冬时装发布会。

菱形图案的长袜

菱形图案长袜起源于苏格兰，传统搭配是与苏格兰短裙一起穿着，尤其是用于军服。这种图案呈现出浅色与深色的大块面以及介于两者间的间色过渡区域，或是方格状的图案。这种袜子并非采用环形编织的方式制成，而是用两根棒针以嵌花方式编织各色纱线。

图1-9、图1-10
苏格兰格子的现代传承，布莱顿大学的凯瑟琳·布朗（Catherine Brown）的针织样片，来自由解放基尔特公司（Liberation Kilt Company）和道德时尚论坛（Ethical Fashion Forum）发起的项目，旨在唤起人们对人口贩卖的关注。

图1-11、图1-12
瑞秋·威尔斯（Rachel Wells）为叛逆的苏格兰格纹（Rebel Tartan）项目做的针织样片设计，与解放基尔特公司（蓝心苏格兰格纹）和道德时尚论坛合作，旨在唤起人们对人口贩卖的关注。

蕾丝针织品

设德兰群岛同样因其蕾丝花型而闻名，这些蕾丝用非常精细、柔软的纱线织成。蕾丝披巾是从外边缘起针编织。蕾丝针织品设计的变化，可以从基于平针编织的简单网眼花型，拓展至基于隔行正反针编织的复杂蕾丝花型。不同的蕾丝花型有不同的名称来描述针法。一些名称有实际意义，比如“古页岩”用于描述了海滩上的波浪。其他的更具描述性，比如“羽毛和扇子”“波浪”“猫爪”和“马靴”。蕾丝花型有大量的变化和组合设计。这使得蕾丝饰品穿上去更显奢侈，设计上更具个性化。蕾丝钩织从未消失，现今依然有许多手工艺人喜爱这项有挑战性的工艺。本书第67页有更多关于蕾丝的设计。

纱线与纤维

纱线的选择非常重要，而且需要考虑许多因素；最重要的是纱线品质及与设计最终效果的契合度。在这里我们大致浏览一些不同种类的应用于针织机编织的纱线，并试着解决一些关于纱线粗细、纺纱过程、不同纤维成分等问题。

图1–13
设德兰岛妇女正在编织蕾丝针织品（左）和费尔岛针织品（右），照片时间为20世纪早期。

所有纱线都由天然或人工纤维制成，这些纤维长短不一，根据长度分为“长丝”或“短纤维”。长丝是一种很长的合成纤维，被制成长度不间断的长丝。在被纺成纱线之前，这些长丝通常被切成较短的纤维长度。唯一一种天然长丝是蚕丝。短纤维在长度上往往短得多：许多短纤维经加捻，就被纺成短纤维纱线。有时，出于强度、设计或者成本上的原因，纱线可由长丝与短纤维混纺而成。

图1–14
凯西·格林（Cassie Green）装饰华丽的服装，由上等的材料，羊毛和桑蚕丝制成。

纺纱

纺纱是将短纤维加捻形成一定长度的纱线。这一过程的第一步叫作梳理，梳理后卷缠在一起的纤维被分开。梳理用的器械是由许多大轧辊以及覆盖其上的尖细金属丝组成，经过梳理，金属丝上生成薄薄的一层纤维，这层纤维被分成细条，称之为头道粗纱。这些粗纱接着被取下并被纺纱。纱线按照顺时针或逆时针方向加捻，形成了“S”或“Z”方向的捻度。纱线可以被捻得紧密，形成坚韧的纱线；或者可以捻得松一些，具有蓬松感且柔软，韧性稍差，但有很好保暖性的纱线。

手工纺出的纱线也可以通过针织机编织，但是由于纱线表面不平整，最好用适合的粗针机器编织。纺纱过程可直接产生单纱和股线。这些单纱通过加捻与另外一股单纱拧合在一起也可以形成较粗的股线。这样制成的纱线可以为双股、三股，以此类推。加捻可以防止纱线自身的松散，并使纱线在编织时更平整。根据纱线捻合的股数以及纱线加捻的方式，可以形成许多不同的效果。花式纱线在纺纱阶段就加入了大量的肌理和色彩效果。

图1–15
精选的手工纺制纱线，设计者是珍妮佛·达比（Jennifer Dalby）。

天然纱线

天然纱线取自动物或植物等原材料。主要的三种动物类纱线是羊毛、毛发以及蚕丝。最常见的植物类纱线有亚麻和棉花。

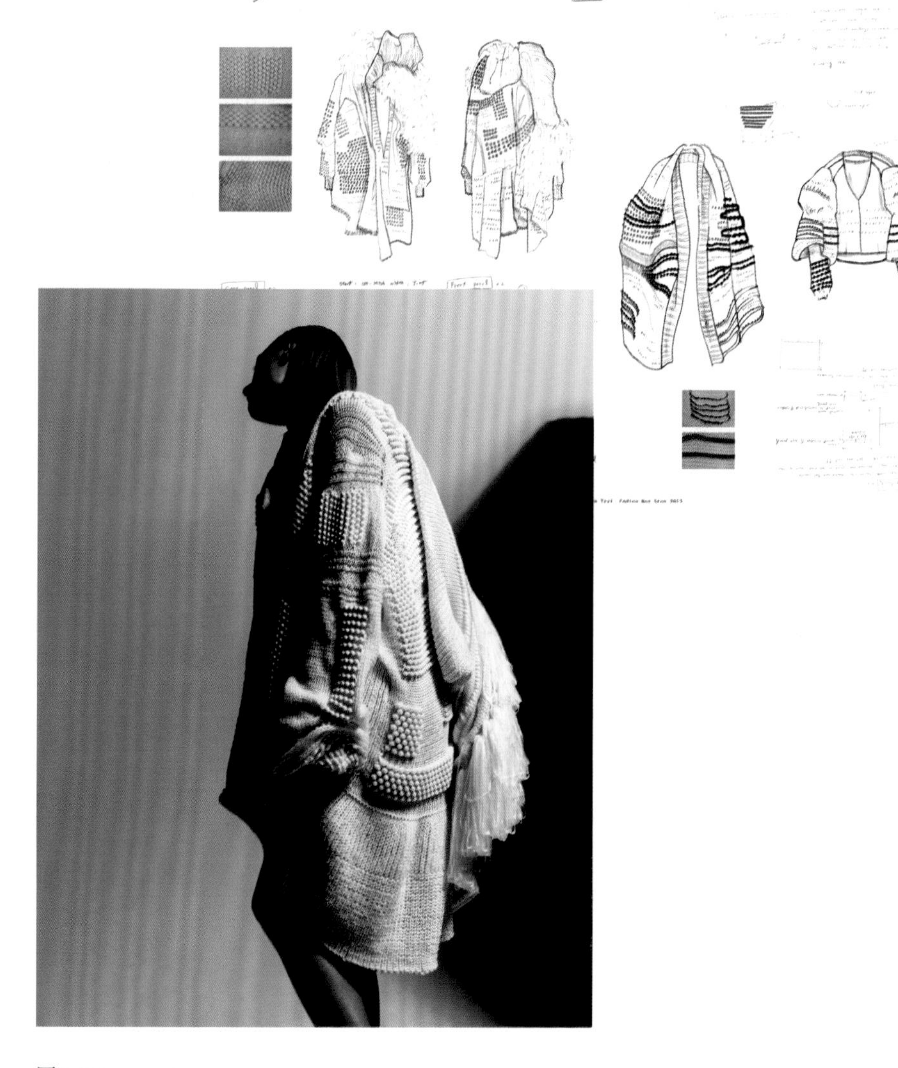

图1-16
艾莉森·蔡（Alison Tsai）设计的超大型号的有机服装采用了昂贵的纱线，并结合了流苏、珠饰和针织等技术。她的设计手册展示了素色针织服装的草图，并结合珠子、条纹和流苏创造出有机的廓型。从服装的针织花型中可以看到一种针对复杂设计的强大的数学运算方法。

绵羊毛

羊毛取自绵羊的绒毛，是目前为止纺织纤维中最常用于针织的纱线。它具有一种天然的弹性，便于编织。羊毛即可粗纺也可精纺，效果取决于纺织方式，纱线品质也会因为绵羊的种类而变化。一些羊毛纤维又长又细，例如美利奴羊毛，来自美利奴绵羊的羊毛，具有比其他羊毛更细致的纤维。设德兰纱线较短，有时穿着者会因为从纱线中支出的短粗纤维而感到刺痒。精纺羊毛通常用不同长度的纤维混纺而成，与设德兰羊毛相比，会更光滑、强韧和更有光泽感。

毛发

毛发取材于绵羊以外的动物身上的毛发，尽管通常在生产中与绵羊毛混纺。比较有代表性的例子有马海毛，来自安哥拉山羊，这是一种有着独特毛绒表面的高档纱线；当与绵羊毛或者蚕丝混合的时候，它的外观会变得更加精良。安哥拉毛则来自安哥拉兔，是一种柔软而蓬松的纱线，通常与羊毛混纺以增加韧性。羊绒是另一种高档纱线，源于山羊的绒毛，它是一种柔软，保暖而手感轻盈的纱线。

蚕丝

来自蚕茧，蚕丝是唯一的天然长丝，并且十分昂贵。蚕丝十分强韧，表面光滑，有很好的反光性，并且经常与其他纤维混纺来提高应用广度。纺制的蚕丝更便宜，因为它是由损耗的破碎蚕丝制作而成。野生蚕丝取自野生散养的蚕茧，这种蚕丝表面粗糙而且不平整。

亚麻

亚麻材料的长纤维来自亚麻植物的茎杆部位。这种硬挺的纤维缺乏弹性，常用来与其他纤维混纺，比如与棉纤维混纺后更容易使用。亚麻纱线通常是粗纺而成的。

棉花

棉取自棉花植物的短纤维。它同样是一种强韧、无弹性却相对柔软的纱线。没有处理的棉纤维比经过丝光处理的棉纤维更难纺织，后者在生产的过程中有额外的处理工序。

人造纤维纱线

人造纤维的发展与结构改造启发了针织业，并在很多方面表现出益处：人造纤维易于制造并且价格低廉，而且可以与一些因为纤维本身太脆弱而难以单独使用的天然纤维混纺。然而，由于在整个加工过程中涉及对原材料的化学处理及煤与石油的使用，会对环境产生负面影响。随着许多天然纤维，诸如棉、羊毛以及麻等纤维，也频繁地采用化学处理，天然与人造纤维之间的定义也逐渐变得模糊起来。

人造纤维被分为两大类：再生纤维与合成纤维。再生纤维源自天然材料，如木浆纤维或牛奶纤维。人造丝是其中最为著名的一种纤维，以亮泽的特性著称，并常作为丝绸的替代品。黏胶纤维和醋酸纤维都是人造丝家族的产品，并两者在高温熨烫下都易融化。合成纤维，如腈纶，来源于石油提炼的化工原料、塑料、煤等，是卷曲的纤维纱线，常被当作羊毛的替代品，但其耐用性不强，不够保暖，而且弹性太大。尼龙是另一种合成纤维纱线，它非常强韧，不吸水，并且适合与羊毛混纺。涤纶与尼龙的性质相似，但光亮度稍差。其他的人造纱线包括金属纱线，例如，卢勒克斯织物（Lurex），是在塑料上镀铝形成的。

人造纤维业的不断革新进步，让今天的人造纱线市场充斥着大量的精致纱线。目前市面上的超细纤维，为纱线创新设计提供了无穷的可能性：弹性纱线也被越来越多应用于无缝服装，并且新的混纺和质地效果也被不断开发出来。

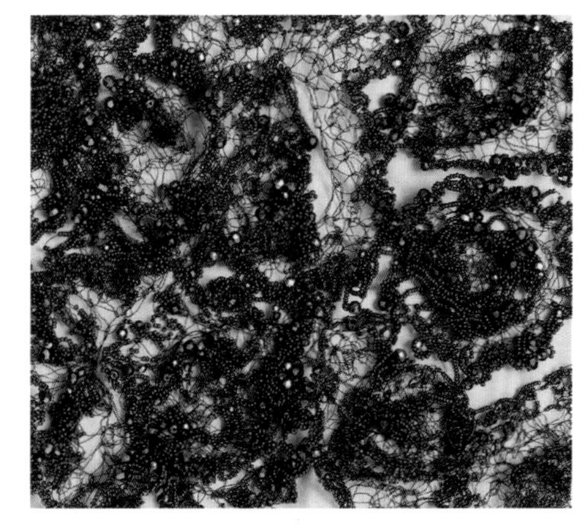

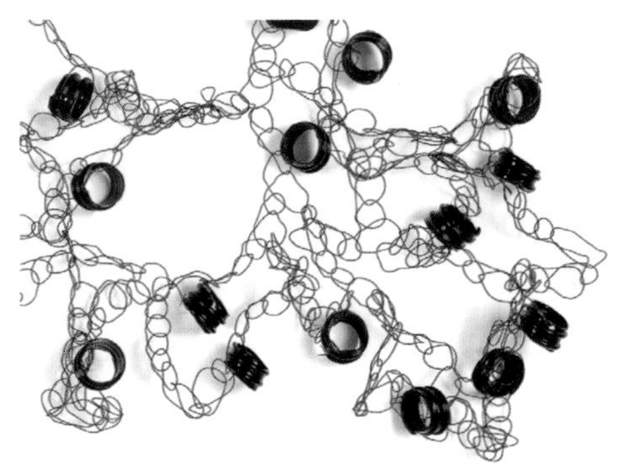

图1-17～图1-20
样品精选，制作者维多利亚·希尔（Victoria Hill），制作上采用了不寻常的人造纱线，如橡胶、腈纶和金属线。

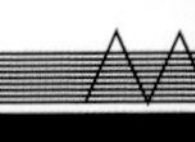

创新型纱线

特殊的纱线效果可以通过改变色彩、质地效果以及加热定型来获得，这些效果可以在纤维阶段、纺织阶段，或者加捻阶段来添加。例如，有一种混纺纱就是在纤维阶段混入不同色彩的纤维。另有一种夹色纱线是由两股不同颜色的毛纺单纱加捻纺在一起。它也可以被称作加捻纱或“花股线”。彩点纱线有彩色斑点，就像小的彩色羊毛球。

通过学生和设计师的调研、合作以及跨学科的联系，纱线技术的边界被不断拓展。针织设计师正与运动科学家合作，生产高性能面料，这反过来又为高弹纱线的设计激发出新的想法。针织设计师和工程师的合作研究正在为“智能纺织品”开辟道路，创造用于医疗目的的纱线，这些纱线具有运动机能性，可以发热，可以发光。

小贴士

如何购买纱线

许多公司专供纱线给针织机器制造商。针织机器制造商一般选用带线轴的工业纱线；球型的团线通常太贵，而且容易打结并且耐久性差。预先购买不同种类的特殊纱线来做实验是一个好想法，少量的粗纱线可用于手工机织编织。

图1–21 ~ 图1–23
山姆 · 巴蒂斯（Sam Bartys）的针织样品，在工业针织机开发展现出新纱线组合，探索质地与弹性织物组合。

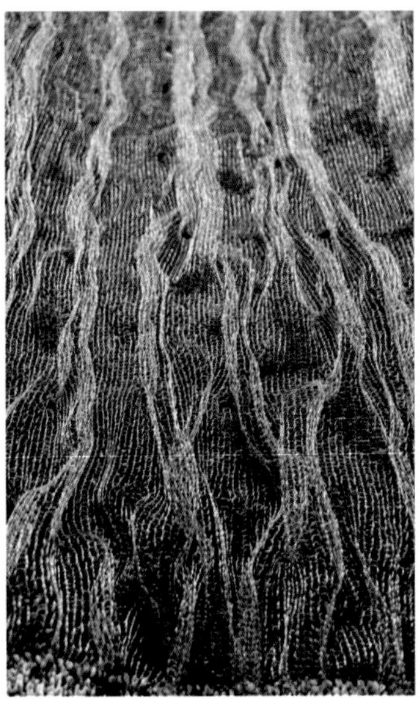

纱线染色

探索染色的新效果可以为作品带来独特的感觉，并可以开启崭新设计的可能性。羊毛的基色会影响染料的最终着色，所以采用天然和浅色的纱线会得到最理想的效果。在染色之前，纱线需要从线轴上拆下来绑成一束，这一步可以通过将纱线缠绕在椅子靠背上来实现，并松散地系在一起，这样可以避免打结。需要事先洗去纱线上的涂层。

迪伦（Dylon）染料

英国迪伦公司的染料色彩丰富，而且在多数五金商店都可以买得到。每罐可以染大约227克（8盎司）的纱线，不过你可以根据所需颜色的深浅来调整染料的用量。最好在染色时记录下纱线的重量和染料的用量，并将其与染色纱线样本保留下来。这种染料使用方法简单而且在购买时都会有使用说明相赠。但是，迪伦染料对一些合成纤维并不适用。

酸性染料

这类化学染料色彩重且亮度高，并且具有很好的色牢度。它呈粉末状并且其染色过程与迪伦染料的过程基本相似。只需要很少的基础色，就可以创造出整个色谱的色彩。两种或两种以上的色彩混合，通过调整染料用量可以产生许多不同色调的色彩。当利用这些混合物来试验时，记录下这些混合颜料的用量比例非常重要，同时还要保留染色前与染色后的纱线样本。例如，30克羊毛纱线，使用红色染料40毫升和蓝色染料60毫升。这些信息会为创造新的色彩变化打下基础。

植物染料

植物染料可以染出很多美丽的色彩，但是色度不强烈，而且在清洗时容易褪色，却是比较便宜的染色方法，并且激发出了许多柔和、复古风格的设计作品。从植物材料当中提炼的染料可以制造出有趣的色彩。但尝试复制某种特定的色彩会相对困难。

图1–24
格鲁吉亚·北库姆斯（Georgia Northcoombs）做的染色测试。

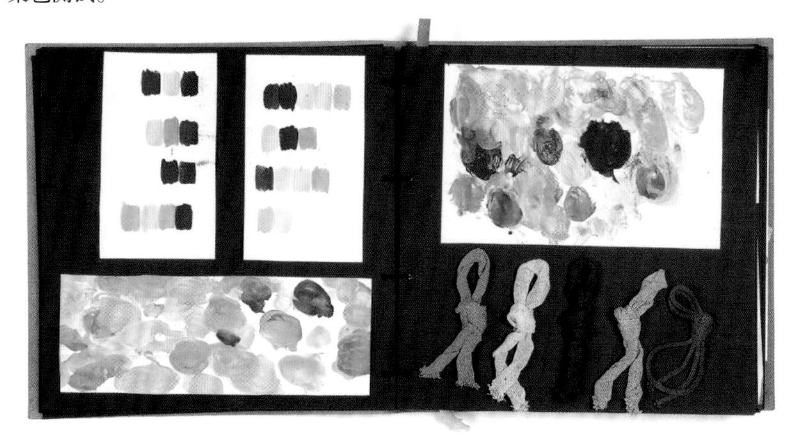

段染

段染纱线是每股纱线上由不同的色彩组成。这种局部染色的技术是将一束纱线分段浸入不同的染料中浸染。将这些纱线织成条形或其他图案，可以形成特殊的彩虹效果。即使不换纱线，也可以创造出色彩丰富的费尔岛图案。

图1–25
杰西卡·盖登（Jessica Gaydon）的夹克和超短裙，奥利亚·赛维（Olia Savage）的打底裙。

针织结构

针织的基础结构是一系列的线圈，通过以下两种不同技术来实现：纬编和经编。纬编是这两种技术中比较常见的一种，通过一根纱线连续形成线圈，在长度方向上延续；纵行线圈与此垂直（图1–28）。经编需要用不同的针织机和许多不同的纱线，每根纵行线圈用一根纱线。经编面料弹性小，并且比纬编面料难拆。

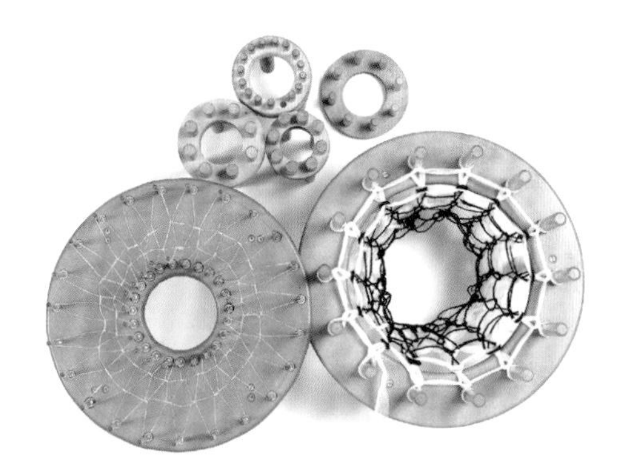

图1–26
简单的木质针织轮，让许多孩子认识了针织。这种织法被称为法式编织法，这种设备的使用方法为：绕着钉子缠一圈纱线，然后将纱线穿过钉子的后面，形成两行。把第一行线提起穿过第二行线就形成一个线圈并在钉子上留下下一行线圈。渐渐地就在这个织轮的中间形成了环形织物。

图1–27
一台针织机，显示正在加工中的针织物。

编织轨迹

在一台针织机上，机针由三部分组成：针舌、针钩和针踵（图1–29）。纱线勾在针钩里；当针钩向上徐徐前进时，已成型的线圈会移到针舌后面。当纱线压在针舌上时，织针开始向下滑动，于是针舌就闭合了。当已形成的线圈从针舌上退出时，一个新线圈便形成了（图1–30）。

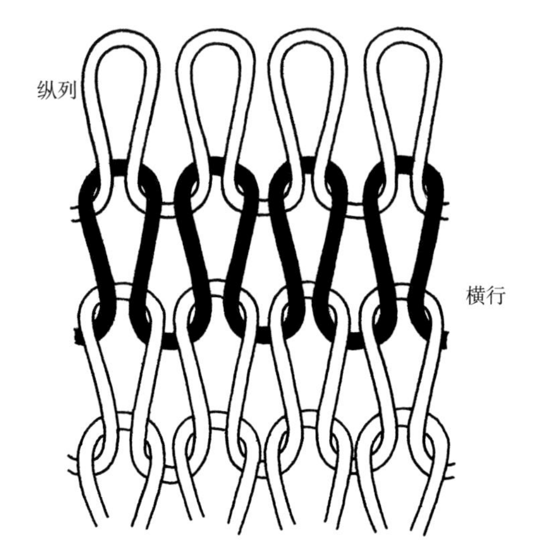

图1–28
针织组织示意图，展示了线圈横行（行）以及线圈纵列（针）。

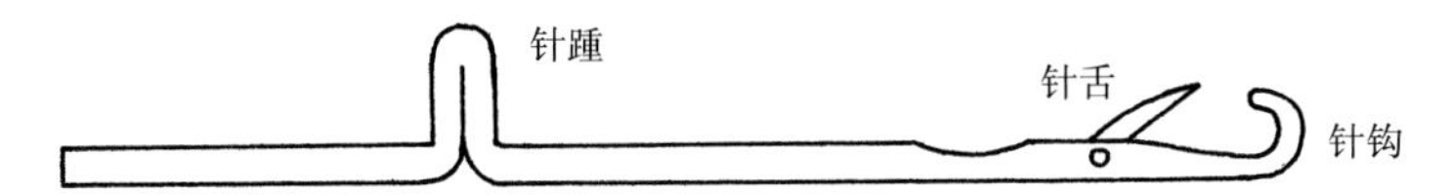

图1–29
机针示意图，包含了针舌、针钩和针踵。

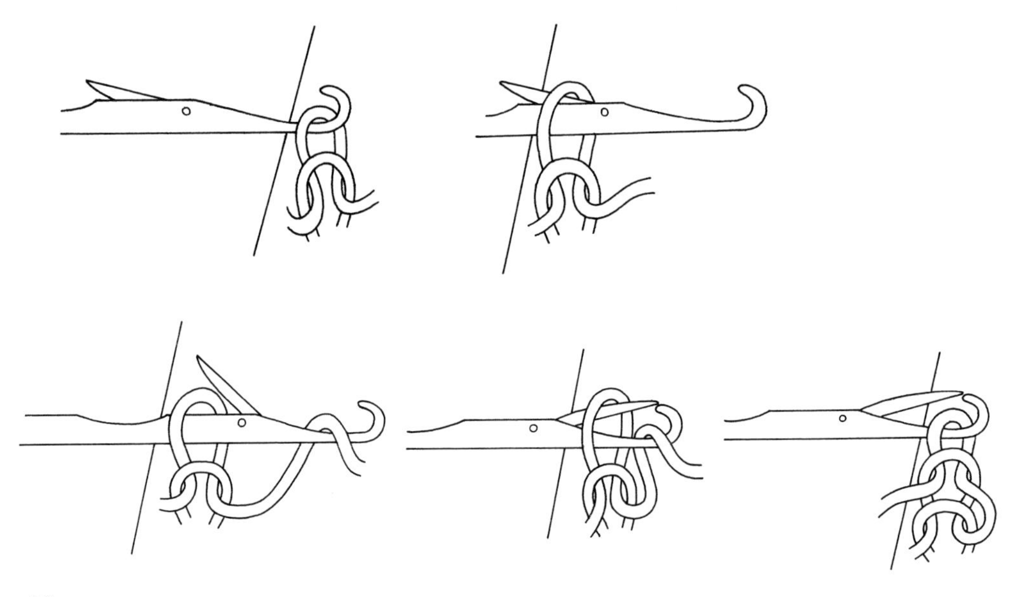

图1–30
流程示意图，说明了线圈在针织机上是如何形成的。

针织机基础知识

家用针织机被分成两类：单针床针织机，带有一套机针；双针床针织机，带有两套方向相反的机针。多数初学者买一个标准规格的单针床织机，可以编织基础的单层平针织物。从单针床织机入手更简单，因为机针的位置更容易理解，而且编织过程是可以看到的，所以更容易修正错误。单针床也可以织假罗纹编织，但是这并不如罗纹编织的效果好。多数家用针织机有一种打孔卡片，用来织出花型。

一旦你用习惯了单针床针织机，你可以增加罗纹附件，将其改造成双针床针织机。双针床针织机使用更灵活。双针床针织机可以用于制作双层针织织物或者罗纹织物，并且可以有较多的针织花型变化。大多数制造商会根据不同的机型提供相应的罗纹配件。

张力

纱线的导出是通过引线架、张力弹簧和张力碟来控制。因为张力由机器调节，所以织物的质量比较稳定。

针床

针床上固定针织机的织针，这些带有针舌的舌针，使得织机迅速地形成新线圈，并脱去已有的线圈。

图1–31
一台标准规格的单针床针织机，如图中所示，适合初学者。

机头

机头在针床上穿梭移动，使织针向前滑动来进行编织。机头上面的控制杆可以控制凸轮，并可以用来选择编织不同类型的线圈，如拉针或浮线。线圈大小可以通过调整纱线的张力，并结合机头上的线圈密度调节钮，来进行精细地调节（图1-32）。

针型

针织机规格是指在机床上每英寸所含织针的数量。可以根据针织的数量规格来使用不同粗细的纱线。精细规格的针织机（7G机）有250根针，适用于编织精纺到中等重量的纱线。标准规格的针织机（5G机）有200根针，适用于中等重量的纱线。较大规格的针织机（3G机），通常有100根针，适合编织粗且蓬松的纱线。我们可以在各种型号的针织机上，通过隔针编织（半针距编织）的方式来探索编织不同粗细纱线的可能性。

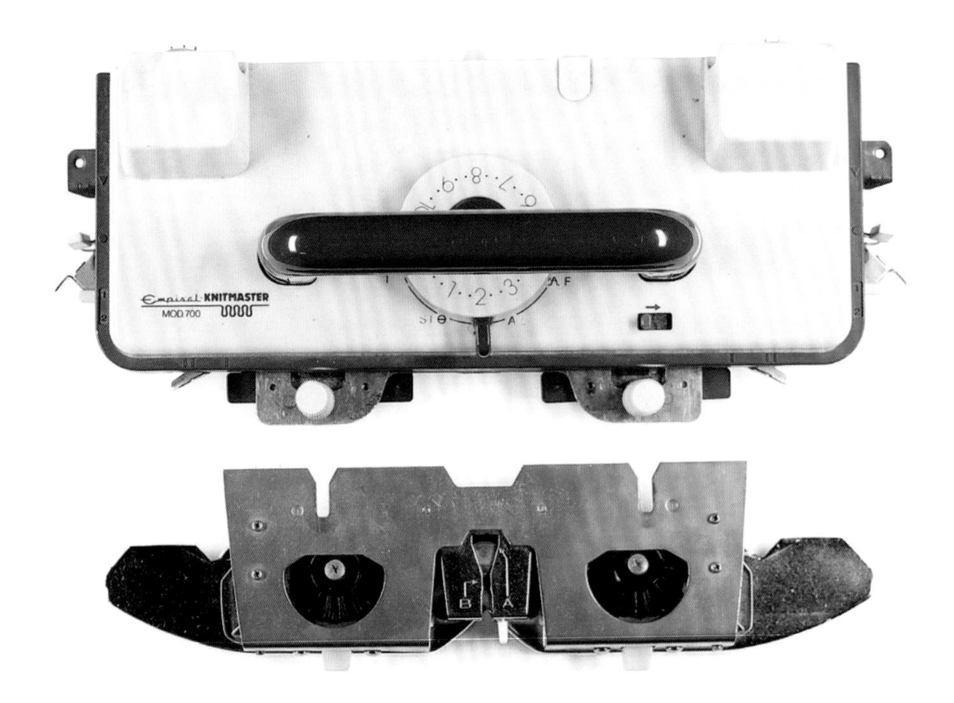

图1-32
一台针织大师牌（Knitmaster）针织机的标准机头。双针床针织机配有不同的机头，可以编织罗纹。也有不同类型的针织机头，用于编织针织蕾丝和针织嵌花。

针织机类型

以下是三种主要类型的针织机介绍。二手的家用织机最适合学生用，也最容易买到，无论是从经销商还是拍卖网站上都能买到。多数织机都同样可靠而且价钱大概相同，除了精纺的针织机，它比较受追捧并在价格上昂贵些（图1-33、图1-34）。

电子针织机

电子织机有一个嵌入的编程功能。一些电子织机使用密拉片（一种聚酯薄片）来织造花纹，这些花纹可以重复、颠倒、翻转、镜像，或者在长度或宽度上加倍。如果你购买电子织机，买那些可以与CAD / CAM软件（如DesignaKnit）兼容的织机是理想的选择。

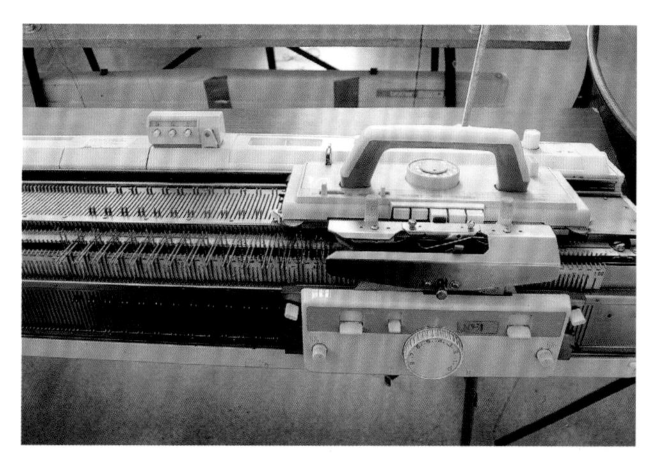

图1-33
兄弟牌（Brother）双针床，打孔卡片家用针织机。

图1-34
兄弟牌（Brother）电子家用针织机。

工业手摇针织机

工业手摇针织机有很多令人难以置信的功能；这些针织机具有两个固定的针床，被称为V型针床（从侧面看他们像是倒V形）。针床以对称方式安装，这使得针织物也具有相同的重量。它们还具有广泛的机器规格，这为采用10G和12G规格的针织机上进行精细针织编织的试验提供了机会。张力可以根据服装的不同部位进行调节，例如，罗纹边、羊毛衫针织和平针织布所需的张力不同。

图1-35
杜比得（Dubied）工业针织手摇横机。

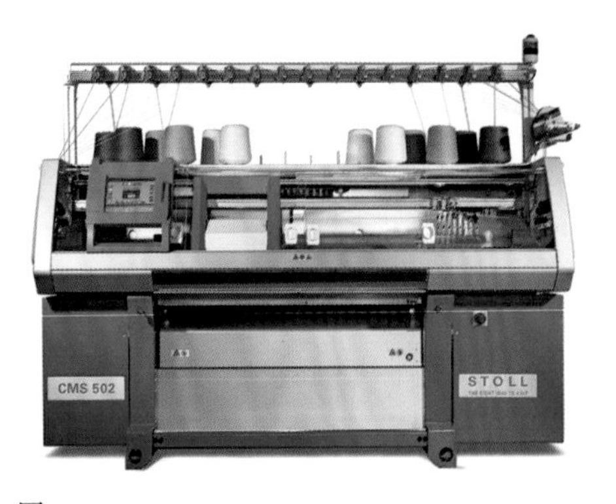

图1-36
斯托尔（Stoll）针织电脑横机。

针织电脑横机

当今自动化的、电子编程的织机已发展得非常复杂。一些电子工业织机具有四套针床，更能织造出针织品的各种形状。他们无须改变针的大小，就可以加工不同重量的纱线。最新的针织机可以织出整件无缝服装，并且在最终结束时只需一根线即可，消除了手工整理的成本。只需要通过一种管状的针织技术，衣身和袖子就可以同时编织。罗纹、袖口和底摆都可以在起头时编织，而领子需要在编织结束时另行制作。由于花费了数年时间去研究和完善，这样一整套的针织机和程序极其昂贵，只有技术高超的技师才能操作它们。两个主要提供完整系统的公司分别是日本的岛精（Shima Seiki）和德国的斯托尔（Stoll），中国针织机器制造工业也正在迅速发展。

工具

多数织机都有配套的可供选择的系列基础工具，适应于相同规格的针织机。只要是针织机规格相同，这些工具便可以用于不同品牌的针织机。

最有用的工具是那些用来入针、移针、休针以及修补线圈的工具。例如，在制作蕾丝网眼、手工花型、加减针，以及收针时，使用正确的工具进行操作，不但可以节约时间，还可以将简化工作。

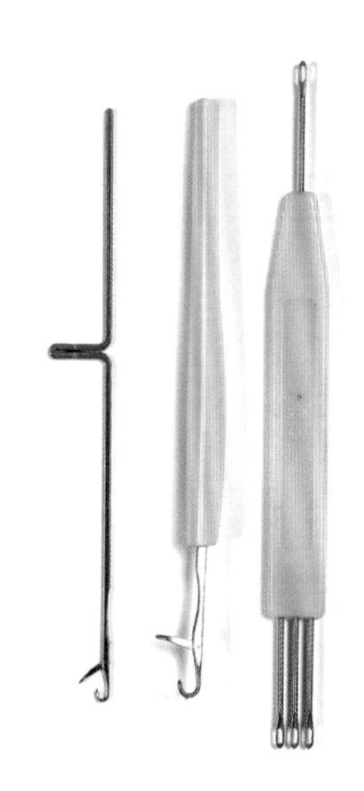

图1-38
机针上有针舌、针钩和针踵。细针型针织机的机针较多，而粗针型针织机的机针较少。

图1-39
舌针工具的作用是脱下或拣起脱落的线圈。

图1-40
移针器（有孔洞），是用来将线圈从一根机针移至另一根机针。双叉或三叉的移针器，用于同时控制两组线圈，比如绞花的编织。可调的叉头的移针器可以让使用者在非工作位置设置一些叉头，这种工具可以大到，在一把移圈器上设置15个叉头。

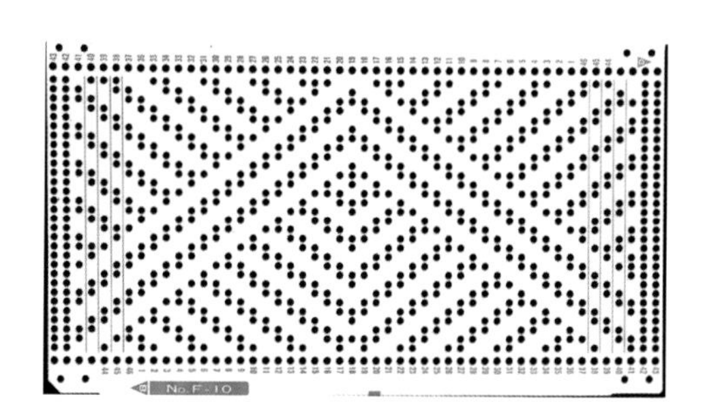

图1-37
制作针织花型图案的打孔卡片，用于预先打孔的图案，也可以用于制作其他针织花型，如蕾丝、拉针或浮线。

图1-41
塑料针顶，用于提高针织机选针速度，使你可以一次选择多根织针，具体取决于针齿的设置；例如，你可以每隔一根、两根、三根或四根针将机针推出或者拉回。

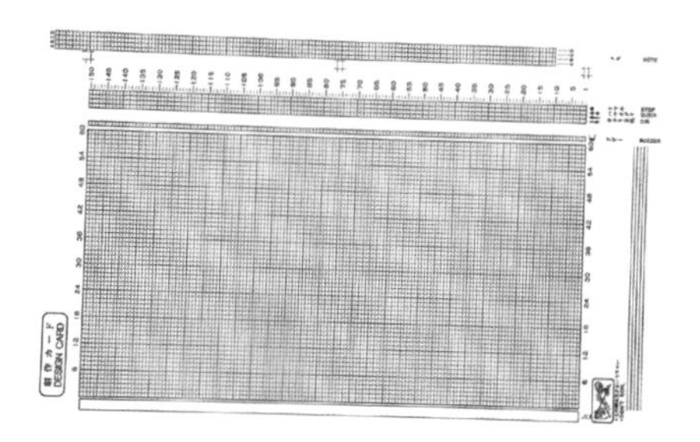

图1-42
密拉（一种聚酯薄片）板，用于在电子针织机上制作针织图案花型。板上不需要打孔，因为可以用能够反射光软笔把图案画在密拉板上。

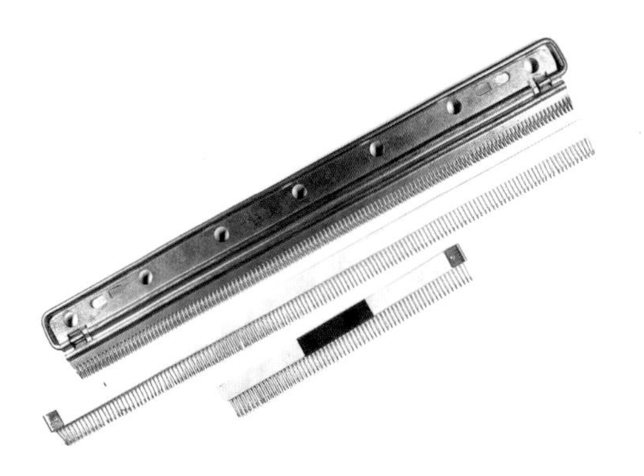

图1–43
罗纹梳栉和重锤（用于家用双针床针织机）用来起针，通常在购买罗纹针织机时会一同提供。重锤可以在需要时添加到梳栉上。

图1–44
开口梳栉，用于单针床起针，或在编织大型针织织片的局部添加重锤时使用。

图1–45
尼龙绳，可以用于在未完成的针织物边缘起到固定作用。

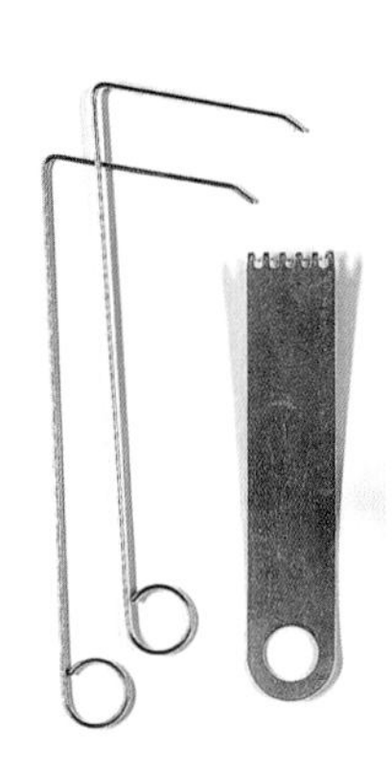

图1–46
悬挂勾，在双针床上进行编织时可为小组线圈增加重量。它们对于防止在末行编织时织物边缘产生不必要的线圈有很好的作用。

图1–47
爪形重锤，可以保持线圈位置的稳固。这种增重工具随着编织的进行便于移动，有很多种形状和尺寸，一些还带有孔洞，如果有需要，还可以挂上额外的增重工具。

图1–48
工业针织机重锤，悬挂在梳栉的两端。这些零件呈环形并可以多件叠加。其重量大小原则上取决于针织物的宽度，此外精细的材料需要的重量较少。

未附图的工具：

移圈器，用于将线圈翻转形成平针。可以织出平针组织背面的脊状肌理。

休针工具，一些手工操作的技术需要个别针圈不参与编织，而其余的针圈继续编织；这些不参与编织的针圈要用休针工具固定好。一种带盖的休针工具可以休止多个针圈，同时针圈也易于返回原位。灵活的手编环形针也可以作为线圈固定工具，就如同大型的安全别针一样。

缝盘机（套口机），用于缝合缝份或者接片、褶边和领子，也可以织出一种无边缘的成品。缝盘机可以手动操作也可以电动操作，也可以作为针织机的辅助配件。

设计与技术的发展

从1589年的威廉·李（William Lee）设计出机架针织机开始，针织机历经了很长时间的发展。随着计算机技术和纱线制造技术的发展，当今的流水线系统和针织面料在设计和品质上都有了长足进步。

正如前面所讲的，手工无缝服装可以追溯到中世纪，当时渔民所穿的根西针织衫（Gansey）是一种技术含量很高的无缝服装；然而，真正将无缝一体式成衣的概念引入整个服装行业的是1970年的日本岛精针织机（Shima Seiki）。到了20世纪80年代，岛精公司采用计算机对其针织机进行了革新。

针织制造业的另一个重要发展，是20世纪90年代的日本设计师三宅一生（Issey Miyake）的A-poc着装概念。A-poc（“一块布”的意思）运用了经编针织布料，这与纬编针织技术、岛精公司的整体服装概念不同。A-poc是由一卷管状针织面料构成，面料组成了服装的外部轮廓。在针织布料上有剪裁线，顾客可以在同一块布上剪下裁片做出系列服装。这种具有革新性的服装没有缝合或整理过程，因为采用了经编针织面料，所以剪裁的边缘不会脱圈。

在针织服装的设计和生产之间存有很多对立面，尽管服装设计和时尚发展的确与技术进步相关，但时尚奢侈品却总是充满了手工工艺。新鲜的创新设计逐渐与旧有的传统工艺相融合。面对批量化的工业生产，人们对于“慢服饰”表现出越来越多的青睐和渴望，“独一件”的服装对于穿着者来说更具个性。

图1-49
“一块布”是三宅一生（Issey Miyake）发明的创新服装，于1999年面世。它展示了一种制造方法，利用计算机技术创造一块布并在同一过程中做出一件服装。

访谈

弗雷迪·罗宾斯（Freddie Robins），英国伦敦皇家艺术学院针织纺织品专业高级导师

弗雷迪·罗宾斯毕业于米德尔塞克斯大学和伦敦皇家艺术学院。自1997年以来，她一直以针织面料为主要创作媒介，从事艺术创作。

你的设计背景是什么？为什么你对针织服装感兴趣？

我很小的时候就学会了编织，并爱上了编织。17岁时，我参加了由一本国家手工杂志主办的针织服装设计比赛，获胜后，我继续在米德尔塞克斯理工学院（现在的米德尔塞克斯大学）和伦敦的皇家艺术学院学习针织纺织品专业。从1997年开始，我就以针织面料为主要创作媒介，从事艺术创作。

可以给我们讲讲你的设计流程吗？

多年来，我的设计流程不断发展和变化。最初，它分为三个不同的部分：一个主题概念和随后的研究（非常愉快的部分，可能需要几年的时间）；最终成品的策划，包含意匠图绘制（这是难度较大的部分，需要集中大量的注意力）；最后是编织工作（这是另一个令人愉快的部分，如果我把意匠图画对了，我只需要边听收音机边编织就可以了）。我现在开始采用结构更少的流程，从我身边的事物开始着手，然后看看会发生什么。我很享受从我预先计划好的方法中解脱出来，并试着去拥抱意外的发现和失败。

你如何将潮流趋势运用在你的设计中，你的灵感来源是什么？

主体工作：“完美作品”，反映了始终如一追求尽善尽美的理念。该项目采用工业生产的技术，制作完全一样的连体服装，这些服装不需要手工加工，其加工过程不会产生任何废料，其生产过程不需要人的触碰。事实上，这些服装是完美的。

调研和概念的进展是你工作不可分割的部分，你能否跟我们多谈谈这部分内容以及你的另一个近期项目，“孤立无援”（Out on a Limb）？

把一座16世纪的谷仓改造成住宅和工作室的过程，从根本上改变了我对制作和材料的看法。我想出了一个新的权宜之计。我必须用手头的东西来解决问题。我的材料是我所有的样品和剩余的东西以及捐赠、继承和发现的东西。在2007年，我完成了一个研究项目（由艺术和人文研究委员会资助），这也给我留下了大量的针织废料。我的新作品利用了这些多余的东西。我在用我已有的东西进行设计工作，而不是决定我想要什么，然后选择和购买新的材料。

以这些“材料”作为我的出发点，并在头脑中保持当前的概念和主题——关于人类是什么、失去、死亡、悲伤和哀悼的想法——我正在自发地使用我的材料。享受从预先策划和设计工作中解脱出来，我只是进行棒针编织、钩针编织、刺绣、缝和钉珠到针织物主体和配件上的过程。身体和其他部件用膨胀的泡沫填充成立体形态。这一过程使它们能够成型并能够站立，却未增加重量。它们在光亮的视觉感与我正在探索的黑暗主题形成鲜明的对比。

我的视觉研究源于我对骨骼肌、存放尸体的房子和镶有珠宝的骨架的迷恋。我去过巴黎的地下墓穴、捷克共和国的锡德拉克公墓和罗马的卡布钦公墓。其他参考包括外国艺术家的作品，尤其是凯瑟琳娜·德泽尔（Katharina Detzel）和玛丽·利布（Marie Lieb）的作品，我在“女性即疯狂”（Madness is Female）博物馆中看到了她们的作品；还有盖斯勒博士（Dr. Guislain）和根特（Ghent）的作品；以及去年在伦敦万有博物馆（Museum of Everything）展出的朱迪思·斯科特（Judith Scott）的作品。

完成的每件作品都是由设计与制作相参照的过程演进而来的。我对每件作品都进行了修改，往往一次修改多件作品，直到它们正确为止。有时我会停止工作或对手头作品进行削减；有时我会放弃一部分，重新开始。每个作品都会影响接下来的作品。没有哪件作品是独立制作而成的。在第一件作品中使用的形状、材料、工艺和颜色决定了我如何处理第二件作品，以此类推，直到我拥有一系列完整的作品，让他们一起发挥作用来完成整套服装。我正在拼贴建筑材料与纺织品，做能够让作品得以实现的任何工作，让其在实体与概念上能够立住脚。这些作品挑战了传统概念和旧有观念，那些是关于手工艺是什么，要如何实现它，以及它将呈现怎样的效果的观念。

如今的创意产业为设计师们提供了许多与造型、时尚、电影、音乐和纺织项目合作的机会。你和其他艺术家合作过吗？如果有合作，那合作是如何提高创作力的？

我很纠结于合作实践。它需要一种创造性的自信，而这种自信只有在我的工作室里才能实现。我不喜欢过早地暴露自己或自己的想法。话虽如此，但我很享受通过合作建立起来的关系。它让我接触到那些我可能不会遇到的人，让我接触到不同的技能和经历。

你如何形容你的代表作？

我的标志性作品可以用针织物和雕塑来体现。它在技术上具有挑战性，通常由具有独特色彩搭配的羊毛制成。我经常使用黑色幽默，来创作颠覆性和令人略微不安的作品。

你对刚进入这个行业的毕业生有什么建议？

你需要有易于沟通的能力与创意，这不仅要贯穿于你制作作品的实际工作中，而且要体现在你呈现和表达作品的方式上。你需要信心和自信，最重要的是你还需要决心和毅力。

图1-50
弗雷迪·罗宾斯（Freddie Robins）使用日本岛精公司生产的全成型电脑横机编织而成的针织连体服装。

创新发展 2

作为学习针织品设计专业的学生，要能够独立地从写项目概要开始着手工作。你的设计概念可以从个人研究、技艺的探索以及设计的发展中来获得。应制作一套好的作品和一系列设计作品以供评估。项目概要既概括了项目的目标和学术成果，也详细阐述了工作内容、评估方法和标准。项目应当在一个时间段内完成，而且期间是否按时完成各阶段工作也是评估的重要依据。

研究项目通常交给学生在暑期来完成，这使他们在假期可以利用各种资源获取大量不同的灵感，并在新学期里加以利用。有时，项目被联系在一起以促进不同领域的研究和设计的发展，以得到不同的结果，如时尚纺织品和内饰。

本章指导你理解整个设计过程，从服装项目概要开始，到研究和分析技巧，以及设计的发展。你要具有市场意识，同样还要有技术能力及良好的展示技巧，以最终实现设计。

"设计允许你犯错误；如果不偶尔搞砸一次，你永远不能前进。"

——亚历山大·麦昆

图2-1
礼服由陈绍岩（Shao Yen Chen）设计，在家用针织机上采用尼龙、羊绒和莱卡纱编织而成。每一根尼龙纤维都是手工固定在织针面料上，用于创造体量感。

项目概要

在大学期间，你总会接触到导师制订的项目概要。但在最后一学年，你会开始你的毕业设计工作，这需要你去设定自己的项目概要。通常，竞争性的项目概述会由行业内的企业来制订，这可以为学生提供一个洞察商业圈的有价值的视角。这些项目的目标是专门针对品牌公司和消费者市场的，因此，设计的成本和价格区间是另一个很重要的附加因素。那些成功完成项目概要的学生可以赢得奖学金、安置奖励以及旅游经费。

依据英国诺丁汉特伦特大学（Nottingham Trent University）针织服装专业大一学生的一份项目概要，研究以下的范例。

图2–2
曹钦柯（Tsao Chin Ke）以建筑设计为灵感的概念版（原始和二手资料研究）。

图2–3
曹钦柯的概念版展示了一件由Max Tilk裁剪的具有T形廓型和矩形图案的服装，同时图层面板上是与众不同的中山装装饰风格（原始和二手资料研究）。

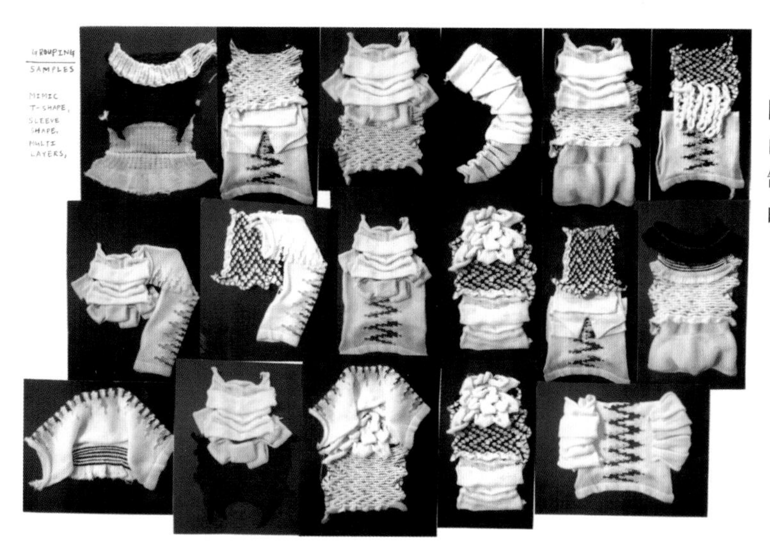

图2-4
由曹钦柯采用针织样片制作的服装廓型设计拓的拼贴画。

工作营

项目概要

项目目标：

- 让学生更好地熟悉针织机。
- 对设计的发展有个人的反馈。
- 对各种针织工艺技术进行探索。
- 鼓励通过广泛的途径和技术来进行实验。
- 创造充满想象力的、激动人心的设计概念。
- 研究立体结构以及廓型的发展（借助人台）。
- 提高针织时装设计能力。
- 提高记录和理解设计过程的能力。
- 制作一系列专业的设计小样。
- 展示市场意识。
- 彻底地研究所给的主题。
- 提升创新项目的陈述。
- 形成个人评估的概念。

在以下主题中选择一个（肌理、装饰、条纹性能），制作一件包含六至八件的系列小样。设计小样的尺寸约为30厘米 × 40厘米（12英寸 × 16英寸）。以时装作为设计理念的导向，拥有廓型的小样和设计草图来说明服装的最终用途。你的最终作品必须有一本满满的设计手册，这个册子包含了你的草图、材质选用、杂志上的撕页和在针织机上逐步试验出来的小样。

两个概念板，尺寸大约为30厘米 × 58厘米（16英寸 × 23英寸），用来说明色彩、基调和主题。这些可以随着项目的推进发生变化，但是在做项目之初就要明确方向，可以使你更加聚焦。

你还需对当今针织流行趋势进行对比调研，包含一份250字的最新针织面料调研分析。调研需要涉及一家连锁店、一家百货公司以及一家品牌零售店。这项重要的研究可以帮助你更好地了解时装市场。

学生要结合自己的个人研究针对给定的主题，来进一步深化项目的概念。个人研究可以有多种素材来源，如建筑、植物生命、自然物质和科技。

主题

质地

观察表面的边缘和质地；考虑不同纱线的对比，如绒感的还是光滑的，光亮的还是哑光的；探索纱线的质地，如马海毛、纺羔羊皮、人造丝或者山羊毛；个人研究可以通过观察自然环境来获取灵感。

装饰

包括刺绣、珠饰、亮片、花卉结构、蕾丝、几何图案，考虑贴布、套印和锡箔。个人研究可以从马戏团或古董中寻找灵感。

条纹性能

探索比例变化与重复、工程设计、斜纹、色彩的反光，装饰和复合材料。个人研究可以从城市景观以及衬衫面料、传统机织面料中获取灵感，如格纹和人字呢的调查研究。

学习成果和工作要求

学习成果可以展示学生在掌握技术知识和针织花型方面的进步，以及自主研究能力的提升。评价工作的标准包括研究分析能力、创新发展能力、技术与技能、市场意识、设计实现、自我管理、陈述与评价。评估工作需要包含以下方面：

- 一本设计手册，记录你的设计过程，需要包含材质组织调研和创意调研，用来探索不同媒介和色彩的发展变化。
- 两个样板，解释色彩、基调和主题
- 6 ~ 8种针织小样。
- 时装效果图并指出针织面料的使用方式。
- 一份250字的市场研究分析报告。
- 一份工艺更新文件，记录工艺的发展变化过程（错误案例和成功案例）。

调研

设计师们不停地在寻求和收集新的想法和灵感源。好的设计师需要拥有追根究底的精神，这样才能不断地产生新鲜的、符合时代的作品。在某种意义上，一本设计手册实际上是一本视觉日记，它记载着设计师的个人创意旅程。设计师们在收集和调研的过程中建立起个人标识，随着时间的推移，这会变成设计师的第二天性。从深入的调研和对主题概念的延伸中可以找到很多有趣的设计点。每一条新的知识或信息都能够滋养想象力，并开启新的问题研究和途径。

专业图书馆是进行调研的好起点。艺术院校会有与时尚和纺织品资源有关的图书馆，提供高级时装的历史、手工艺技术、潮流和面料方面的书籍。也要留意那些有趣的绝版书、新旧杂志和报纸简报。网络也是一个研究和获取图片的巨大资源聚集地。一些设计师把他们的灵感和研究想法放在墙上，通过墙上的图片、面料小样、草图形成有趣的排布和连接，来收集视觉上的灵感。另外一些设计师则通过建立自己的研究记录和草图本，来反映藏在项目背后的从始至终的思考过程。无论设计师选择怎样的工作，其工作的内容都应该是相同的：所有的研究都应当包括廓型、色彩、肌理、花型、面料、装饰和纱线，同样还应有启发性的物品、照片、草图和笔记。制作的方式可以使整个研究变得富有个人特点；拼图、水笔标注等可以让灵感变得更丰富和独特。

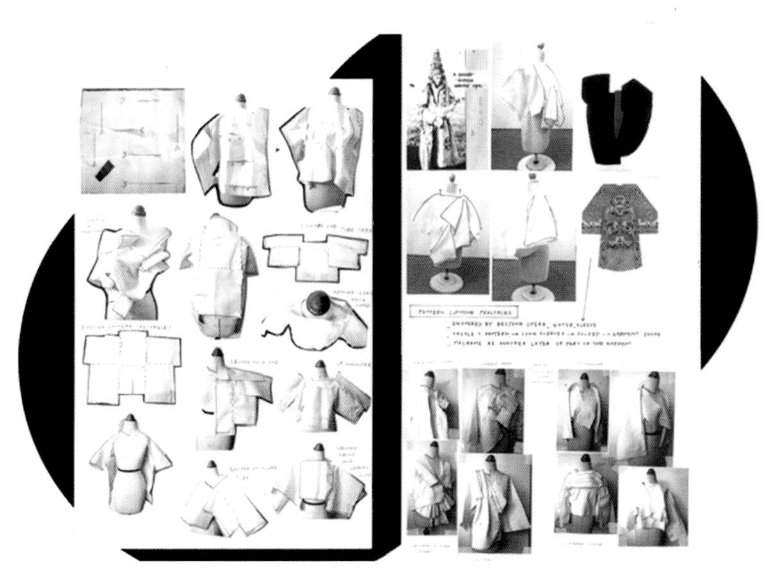

图2–5
曹钦柯的服装廓型演进过程。

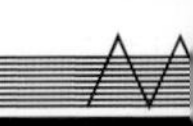

图2-6
曹钦柯的针织小样演进过程。

图2-7
曹钦柯以建筑物边缘为灵感，编织的波纹效果针织小样。

图2-8
曹钦柯的服装系列采用拼贴方式排列。

原始资料

从原始资料中画出来，可以帮助你了解形状或形式的细节。去寻找原始的资料以提炼并用个人的方式记录下来，这是非常重要的。绘画是一种很有用的方法；它不仅让你与别人可以在想法上进行沟通，同时还可以记录下个人的感受。图画中较小的元素可以被审视；图画中的一些部分可以放大或者重复。绘画帮助记录，并记载下设计的发展过程。方法有：拍照片，画草图并利用颜料、蜡笔、墨水或者拼图来作元素标注。

市场调研

市场调研包括收集一系列视觉流行趋势信息，这些信息不仅反应当季的目标市场，更可以激发你的创意。你需要了解你的设计面对的消费者是谁，他们通常出没在哪里，这些消费者有多少，并且这是否是一个正在逐渐壮大的市场。你还需调查他们购买产品的价格，他们是否有较喜欢的品牌或者忠于某个品牌，如果有则需要了解是哪些品牌和喜欢的原因。当调研市场时，也要涉及室内家居和时尚饰品。

工作营

写分析

写一篇针织面料的新趋势分析。参观大量不同的零售商场，如连锁商店、百货公司和品牌零售店。

1. 观察店铺的陈列——它整体的感觉怎样？
2. 店铺有某个强烈的色彩风格吗？这种色彩风格是否遍及所有店面？
3. 针织服装的品质怎样？其整理效果怎样？
4. 是否有强烈的装饰风格，例如珠串装饰？
5. 其外观看起来与价格相符吗？零售价是多少？

概念和主题

设计师常常就一个特殊的概念或主题来做设计，或者定位在一个项目上做设计。一个叙述性主题形成了许多设计系列的基础，它将传达一种气氛和讲述一个故事。设计师经常把个人兴趣作为主题，这个主题可以激发想象，并有助于为最终的设计带来视觉上的冲击。

一个概念或主题将工作联合在一起，使其具有连贯性和凝聚力。一个叙述性主题的成功例子是亚历山大·麦昆（Alexander ·McQueen）于2009年秋冬的“丰富的角（Horn of Plenty）”系列。他对消费主义进行了诙谐的评论，与行为艺术家雷·鲍厄里（Leigh Bowery）合作，将女性塑造成旧时的好莱坞歌星形象。模特们在堆满了垃圾和废金属的T台上走来走去。这一系列服装让人们意识到，在雷曼兄弟（Lehman Brothers）投资银行公司倒闭的随后一年中，资本主义的荒谬。这场发布会抓住了人性的丑陋，并将其转化为异乎寻常的惊艳效果。

推进工作的另一个方法是通过抽象概念的应用，比如某个词的隐喻含义。一些诸如茧、缠绕、层叠一类的词汇可以用于

支撑整个项目并且激发兴趣点。设计师雪莱·福克斯（Shelley Fox）因其抽象概念和引发思考的设计而著称。在她2001年秋冬系列设计当中，她利用日记作为灵感源，根据页面内容进行选择，并整合印刷图案。这一系列服装是晚间汗衫、羊绒、日记图案印花和粗犷针织绞花的混搭。

色彩上以自然黑、泥灰为主，点缀些薄荷绿、亮红和迎春花黄。在她的1998秋冬系列设计当中，她采用了盲文字符（Braille）的概念，这激发了使用羊毛制作盲文字符的设计（缩绒针织物）。这种面料后来被开发成为立体的几何图案附着在身上。

图2-9
雪莱·福克斯1998年秋冬时装发布会的“盲文”系列，灰色羊毛缩绒上衣。

图2-10
亚历山大·麦昆（Alexander McQueen）2009年的秋冬时装发布会，“丰富的角（Horn of Plenty）”系列中的针织服装。

项目还可以从一些不相关的图像或者相对立的概念入手，如“天然的／人造的”“都市／果园”或者“食物／小说”。你的最终成果将会由设计的宽度、品质、你最初的个人特质和研究程度来决定。高级时装店、博物馆、展览、市场和古玩集市、慈善商店以及假期出行，都可以提供巨大的灵感资源。你需要深入探索以便于创造出具有试验性和革新性的针织小样，这反过来还会为最终的设计系列提供灵感。

工作营

调研

选择一个主题，设想谁会是你的目标顾客。搜集你所有的调研资料然后将最具说服力的图片放在一块板上。建立一个能够反应你项目本质的概念板。这些想法一开始就要加进你的设计手册。

1. 编辑和优先处理你的选项。
2. 这些图像在讲故事吗?
3. 在这些图片中寻找联系。
4. 出现了哪些颜色搭配?
5. 概念板是否反映了你的目标客户?

图2-11
有日记印刷图案的裙子，设计师：雪莉・福克斯，2001年秋冬发布会。

访谈

雪莱·福克斯（Shelley Fox），纽约市帕森斯设计学院、唐娜 ·卡兰（Donna Karan）时装设计教授，时装设计与社会方向的艺术硕士主管

雪莱·福克斯以她兼具概念性和导向性的作品而闻名。在进入纽约市帕森斯设计学院之前，她在1996～2006年间，为自己的品牌做设计，生产季节性服装，并和时尚产业之外的从业者合作。

你的设计背景是什么？你为什么从事针织服装设计？为什么你对针织服装感兴趣？

我受教育的经历从来就不是一条直线。在我接受基础课程之前，我一直在为自己做衣服，在这个过程中面料一直是我关注的核心。那时我参加了一门高等级国家认证课程，这个课程具有很强的技术性，这为我提供了重要纸样裁剪技能。后来我被圣马丁艺术与设计学院（Central St Martins）的纺织专业本科录取。我不想去上时装课，因为我之前就放弃了伦敦的时装本科课程。在纺织品的本科课程中，我学习了针织、印染和机织，但最终我对针织品产生了兴趣。我喜欢创造我自己的面料，这让我对面料的制作和开发时间有了更深的体会。对于如何创造面料，针织品为我提供了开放的灵感：纱线、捻度、张力、学习新技术，和面料实现方式的无限可能性；不仅如此，你买不到它，你只能自己创造它，作为设计师，它塑造了你身份的一部分。毕业后，我获得了纺织专业的学士学位，并为设计师乔·凯斯利 （Joe caslie ）的品牌海福德（Hayford）工作了6个月，之后我在中央圣马丁艺术与设计学院攻读时装硕士学位。

你能跟我们谈谈你的设计过程吗？

作为设计师，缩绒工艺一直是我作品的重要组成部分。在我攻读学士学位期间，由于细针型针织机总是出问题，并且有太多学生使用它，我开始使用毛毡工艺。我要花好几个小时在针织机上织一件精细的连衣裙，但总是在最后一刻出错，所以我开始使用针织工艺补救。我想我会围绕那些不可避免的且很难控制的障碍来进行设计。通过将织物长时间放在熨斗下，我创造出了灼烧的效果——设计过程中产生的另一个意外。这就是我的毛毡及热转印技术的入门。当我看到织物在实际制作过程中融为一体，我能够看到服装系列，或者至少是它呈现效果的感觉和可能性。我的设计过程中不可分割的一部分就是使用立体效果和织物塑形。

你如何将潮流趋势运用在你的设计中？你的灵感来源是什么？

有很多创意可以作为我作品的起始点。石膏和弹性绷带是我1997年秋冬时装发布会中使用的原料：我对从我腿上切下的石膏绷带着迷，于是萌生了采用石膏和绷带做面料设计的想法。我联系到一家制药公司施乐辉（Smith&Nephew），他们将织物样品寄给我，我便开始使用弹性绷带。在我1998年的秋冬时装发布会中，我使用了盲文的概念：简单的字母形状和编码。这种通过触摸来阅读的方法，启发我将布莱叶盲文应用在羊毛（毛毡工艺处理

过的针织物）上。随后，这种面料被转换成立体几何形状，应用在服装上。有特色的羊毛缩绒的产生，是由于我将过多的羊毛织物放进了洗衣机，这使羊毛形成了褶皱和抓痕效果。这又是一次意外，但当我将它们发布出来，这就成为我发布会服装系列的鲜明特征。褶皱和抓痕效果一个令人愉快的意外，反过来推进了我的医疗主题的发展。其他灵感来自摩斯电码（Morse code），它被延伸至走秀的音乐和服装的视觉效果中。在2001年秋冬时装发布会上，我以我的日记作为灵感来源。用于印刷的日记源于一系列的商业日记，确定下来的页面会基于其页面构成经过组合后印制出来。有时我搜集的信息过多，而且并非所有信息都可以用在一个服装系列中，所以有很多信息不得不被编辑处理掉。创意会退居次要地位，然而稍后，当时机合适，创意开始显现，再将其收录到一些服装系列中。

研究和设计是你工作中的重要部分，您可否告诉我们更多关于这方面的信息，并说明一下您是如何向您在纽约帕森斯设计学院的学生灌输研究的重要性的？

研究和设计开发是至关重要的，甚至对一个设计师的发展和个人风格的建立也一样重要。设计师在他们的职业生涯中不断改变和发展，他们需要大量的信息，需要知道如何将这些想法转化到立体服装中，并在立体服装上清晰表达这些信息。没有深入的研究，你将没有任何东西可以借鉴。如果一个学生试图缩短研究步骤，他们只会延长了设计的过程，并限制了自己。我们也试着让他们变得开放 ——敢于冒风险，走出他们的舒适区。我从自己的经历中吸取了教训，并与他们分享不走出舒适区所带来的后果。我注重相信自己直觉的重要性，当你遇到困难和难于做出抉择时，跟随你的直觉。我在教育环境中扮演指导者的角色，更多的是围绕他们和他们的工作过程开展对话。我不相信你可以教他们成为一名设计师，但更多的是发掘他们已经拥有的东西，让他们认识到自己的天赋，然后推动它向前发展。

您希望您的学生对针织服装设计的概念研究方法有多重视？

我认为“概念性”这个词已经被误用和误解了，就像“商业性”这个词一样。我喜欢把一个设计作品，设想为是在一定的时间范畴内，有意义且值得拥有的，有时这个时间范围是可以持续的，因为一些设计师的作品超越了趋势。我想我要强调的是，将实验与他们的专业技术相组合，以及如何将这两个世界结合在一起。川久保玲（Comme des Garcons）1982年推出的“破洞毛衣”打破了常规，冲击了机器机制和创造完美的针织机器。我想这就像是工作中制造的混乱，或是不被学生们期待的惊喜，这打乱了他们关于物品应该如何被设计的先验概念。

实践对实现创新是很重要的，学生的效果图和标记是如何帮助增加知识和理解他们的概念和造型的？

最重要的是，要知道学生是不同的，所以不能以相同的方式教授。这需要寻找方法来帮助他们清晰地表达他们的愿景，这确实需要一系列技能，甚至有时他们不得不自己去寻找方法。 我们试图给予他们自信，去寻找他们自己的方法并自己做决定，以他们自己的思路和设计方式来工作。有些学生图画得很好，但是理解立体造型和面料是如何包裹身体的对他们也很重要。我认为你可以用多种方法来做实验，比如作标记、拼贴、用面料绘画、摄影等，它们可以相互启发。

针织物可以用立体的方式构建，这为服装廓型的概念化处理提供了无限的可能性。你是否认为人体模型是推进学生服装造型发展的最佳方式?

设计师要有足够的敏感度和信心去选择最合适的方法来实现立体造型。这可能是打破所有常规并挑战用新面料进行设计的方法组合。作为针织品设计师，他们需要开发出比小样更大的面料，因为一旦织物按比例放大，织物重量和褶皱会发生变化。他们需要知道织物的潜力和局限性，并超越形式，把他们的作品穿在到真人身上，否则一切都是理论。人体模型并不是可以移动的人，所以他们需要了解织物的动态效果，及其在动态下的反应。

你能给刚进入时尚针织品设计行业的毕业生一些建议吗?

帕森斯时装设计和社会方向的艺术硕士项目在短时间内取得了很大的成功，更有意思的是，我们的针织品设计师很快就被雇用了，有时甚至在他们完成自己的系列作品之前。其中一个原因是我们推动学生不止步于小样的制作，他们需要制作完整的服装系列。通过这个过程，他们不仅熟练掌握了织布、提花以及组织花型工艺分析的专业技术，而且与拥有最先进针织机器的高端针织服装工厂合作。他们需要了解针织服装是如何通过技术制作出来的，这是复杂的，但总是通过创造性的过程来实现。

为了这个项目我们使用磁共振成像扫描仪来了解人体轮廓。我们对六名女性志愿者实行医疗研究，经过扫描和记录，她们都去过健身房。以我自己为例，我参加了纽约马拉松来记录身体前后的变化。我们还搜集到了许多各家保留下来的老式服装和女装板型，来同时研究人体和服装的变化。我们将老式服装拆开又重组起来。这个项目是圣马丁中央艺术学院、面料设计师和科学家的共同合作项目。

图2-12
在这一季的时装发布会中，闪光的亮片和层叠的毛条装饰与几何裁剪技术相结合。手工制作的毛条装饰成为面料的主体部分并从面料中浮凸出来，来自2000年秋冬系列。

设计的发展

你的调研草图将被延伸为花型和肌理的设计思路。这些想法进而会启发你对针织面料和时装系列的思考。将调研中所收集的元素放在一起组成概念板，来辅助你梳理思路和整理想法。概念板是在行业中推销项目和获得批准的基本工具。概念板是可视化推介项目的一种方法：它能够向你的客户阐述项目的主题、色彩，和整体感觉，而不需要作者当场进行详细阐述，而且它应该能够产生视觉刺激。在展板上采用的图像都要精挑细选——每一张照片、图片、面料都应当是完美的；如果所选原图视觉效果不够好，你也要使它变得完美。可以尝试加入一些原创艺术。如果是使用找到的图像，例如，其他人的照片和撕下的杂志，则要巧妙地处理这些图片——改变它们的色彩，在上面着色，堆积或将其变形。有一条普遍的原则：少即是多（Less is more），所以尽量不要填满你的展板。对于展板的展示方法没有规定，但是通常边界平整的展板看起来会更舒服。

通过把图像转化成针织小样，来探索各种创新的可能性。例如，一块机织面料可以作为图案的灵感；一块塑料桌布或许会启发针织蕾丝纹样。尽可能使项目变得具有个性。通过调研，你将能够用不同的手段来进行实验和构建。依照草图和试验记号，思考对于纸和面料的处理方法；通过针织机编织、裁切、叠加和折叠来收集并创造出各种肌理效果。通过二维和三维的方法来制作不同的设计成品。特别关注廓型和比例等元素。例如，一件折叠的饰巾可以受到袖子的造型启发。回顾并评估你的研究成果，提炼出最成功的部分并将其深入，最终形成系列针织小样。

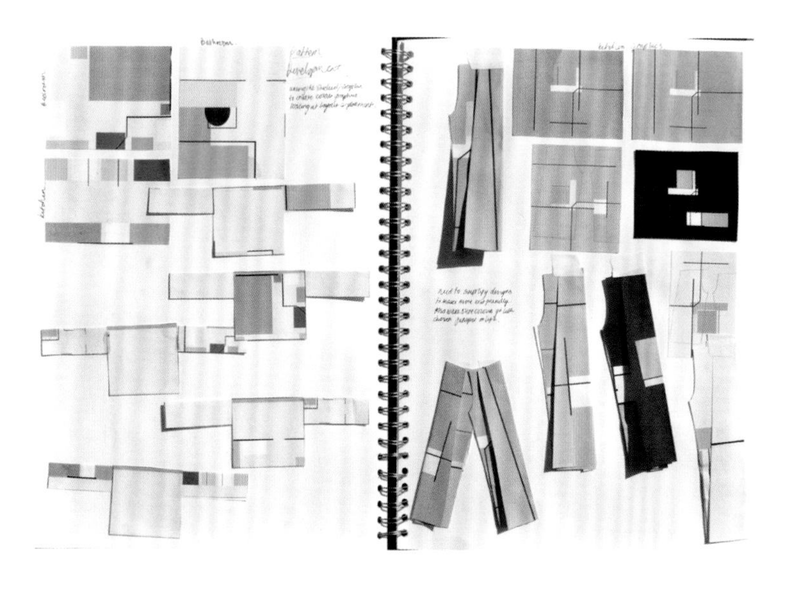

图2-13
爱丽丝·霍伊尔（Alice Hoyle）将建筑物平面图转化为立体效果的创意。

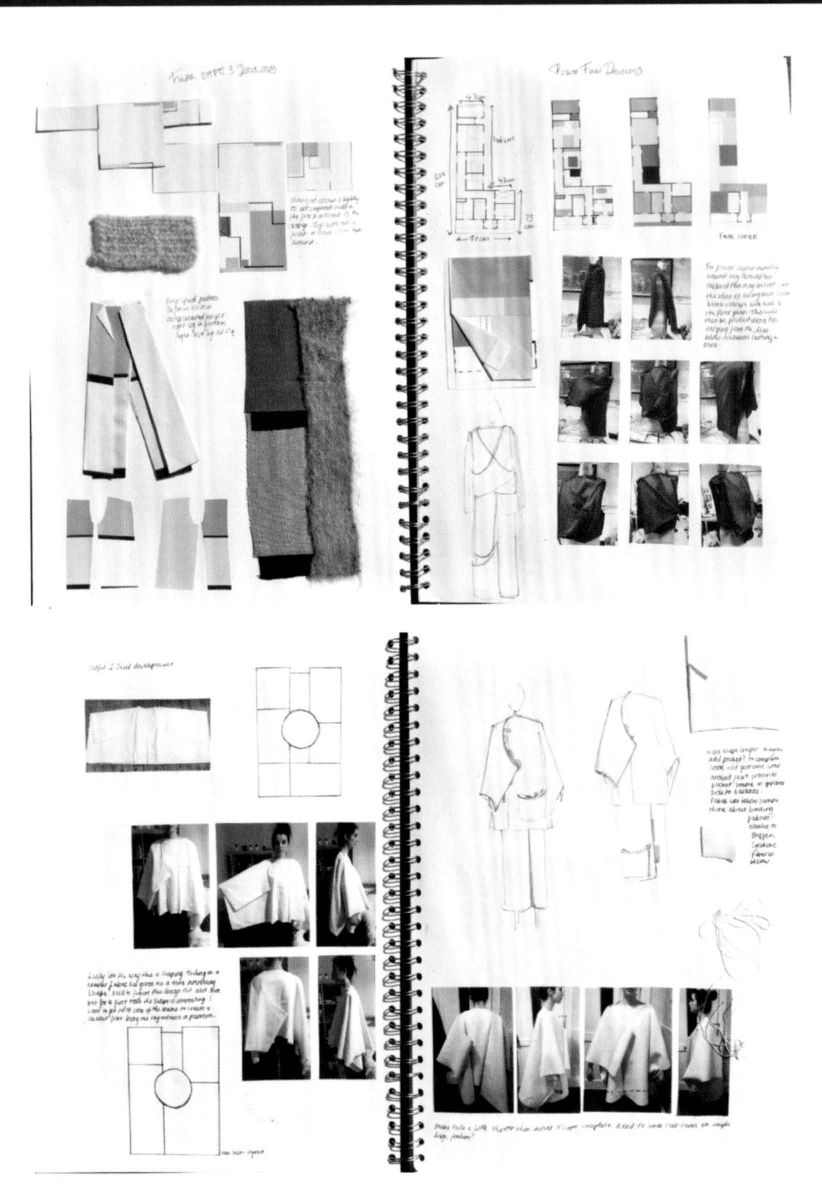

图2–14
爱丽丝·霍伊尔的设计手册作品展示了将折纸衍生为图案及针织小样的过程。

图2–15
爱丽丝·霍伊尔通过将完美的建筑物平面图包裹在身体上来推进服装廓型的发展。

针织小样

下一个阶段便是开始制作小样，利用色彩和肌理不同的纱线，结合线圈结构来形成面料。用概念板和调研结果来提炼肌理效果、图案和廓型等信息。一个裁纸的试验，目前或许能成为针织打孔卡图案的模板。针织面料实验可以是针织的条纹或编织图案。地铁通气孔的草图可以被转化成针织图案的起点或者蕾丝图案的一部分。为了能创造出一系列有趣的小样，你需要收集大量不同颜色、不同肌理以及不同粗细的纱线。在进行线圈结构或图案实验时，需要使用多样的纱线和密度。尝试使用混合纱线，使色彩形成条状或块状；或者利用质地相反的纱线，如粗纱线搭配细线；半透明纱线搭配无光泽质感的纱线、闪光纱线或者同时搭配这两种纱线。要花费一些时间来制作小样，进行归类并开发新理念；这并不仅仅是简单地以不同的色彩进行编织。

如果你熟悉某一种针织技术与哪种纱线配合效果较好，你可以尝试混合织法。你也许会想将蕾丝网眼与部分针织混合，或者拉针线圈与编织联合，或者增加一些线条。为了适应不同的纱线，针织机上的张力需要适当调整；这需要很多耐心，以及初始阶段的大量练习。

当你尝试了所有的选择，就要决定采取哪个想法来推进最终成品的实现。当你编辑并为选择的样本排出优先顺序时，会发现许多样本已经可以作为一系列相互搭配，并可以很好地转化为服装。初次尝试的样本中如果有可以用于最终成品的，都要随时添加进调研记录本里。尽管针织服装风格多变，但当设计时要记住这些面料的品质。比如说柔软、具有悬垂感的面料适合制作长裙；而厚重质感的面料常用于夹克外套。总之，面料和设计应当要符合项目的主要风格。你的设计系列应当反应顾客、市场需求，并适合服装所要投放的销售季。

工作营

技术文档

建立技术文档，包括不同密度、纱线和技法的记录。初次织成的小样也应当保留在技术文档里，以备参考。针织小样大小应当为50针宽、10厘米（4英寸）长。思考以下情况：

1. 挑选一块针织面料，如拉针组织、衬垫组织、费尔岛针织花型、蕾丝移圈编织或局部编织。
2. 尝试不同密度的极限。
3. 尝试在重复编织中进行变化。
4. 采用不同的颜色，尝试不同的质感。
5. 探索针织组织工艺的组合效果。

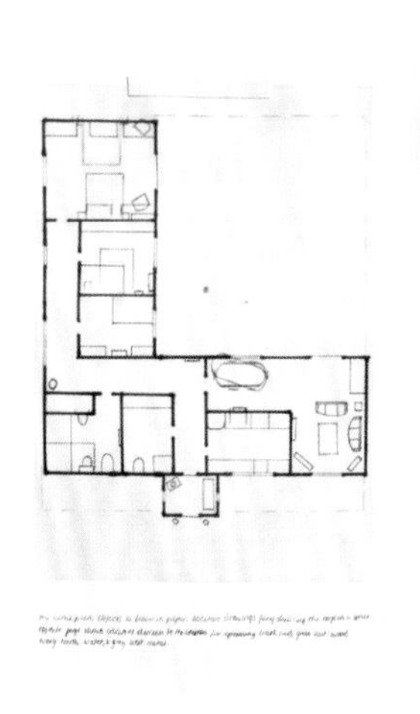

图2-16
爱丽丝·霍伊尔利用家中的元素，选择室内平面图来研究建筑物风水。

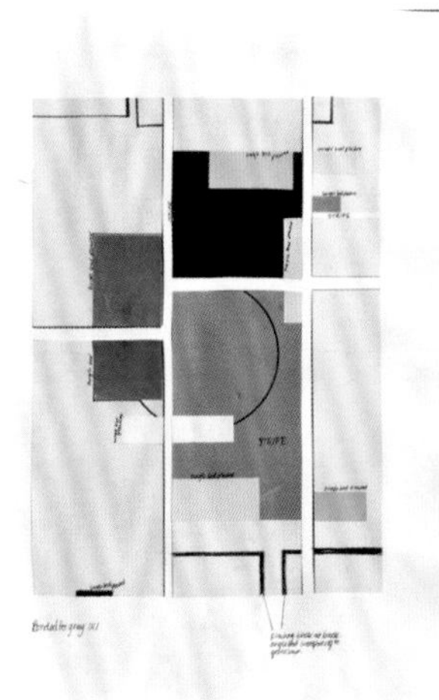

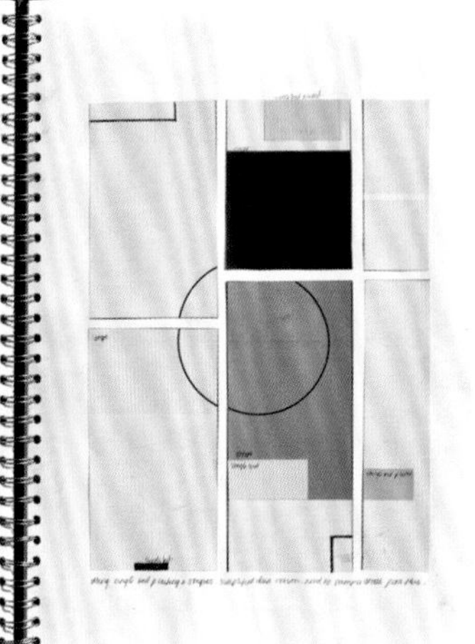

图2-17
爱丽丝·霍伊尔单片织物最终的图案布局。

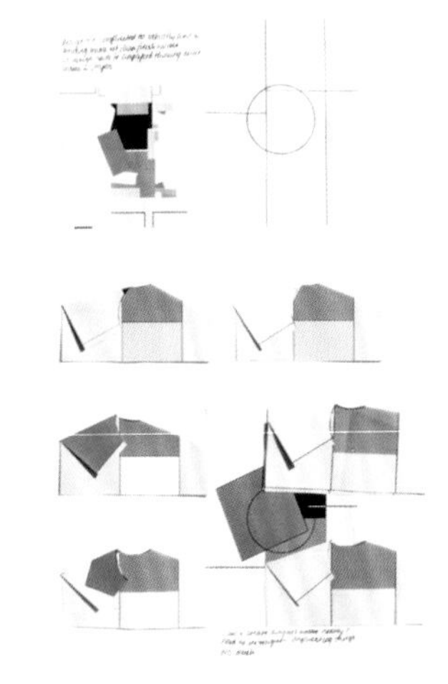

图2-18
爱丽丝·霍伊尔的单片织物颜色配比与图案布局。这些例子清晰地说明了设计师是如何利用对室内平面图的研究和最初的灵感来开发新的色彩范围，以及如何通过立体裁剪和折叠的方式开发出设计零浪费的服装款型。

色彩

在项目的最初，需要明确色彩风格并且建立色彩样板。当然，为了便于调整，所以保留最初的工作样板和项目末期的最终样板。色彩对于任何在时尚产业工作的人来说都是很重要的工具。你需要培养很好的色彩感，并能够掌握色彩流行趋势。

样本制作是形成色彩意识的极好方式。它为你提供了一个很好的机会去了解色彩比例的关系，并理解相邻色彩如何相互作用。将不同色彩的纱线缠绕在窄卡片上，来尝试不同色彩搭配。这会使你大致看到最终的搭配效果；它不仅会帮助你决定彩条的宽度，还可以决定在重复图案中所使用色彩的数量。同样的效果还可通过绘制色卡，并将其裁剪成不同宽度，或者把彩色纸条拼成彩条来呈现。

对于色彩和图案的看法因人而异，但是大多数人认可一些颜色可以联系在一起。我们倾向于将一些颜色与都市相关联，而另一部分与乡村相关；一些色彩我们认为是暖色，而另外一些则是冷色。这些认知的影响会反映在我们的作品中，正如我们喜欢或者不喜欢的色彩可以促成或者破坏设计效果。许多历史上的针织品因其复杂的手工技术而极富魅力，但是色彩对针织品而言同样重要。比如说，费尔岛针织的色彩必须在视觉上富有吸引力。有许多组合色彩的方法，你或许会喜欢一些带有内在品质的色彩，比如肃静基调的黑色到灰色，和柔和基调的棕色到浅褐色；或者你会喜欢强烈而生动的色彩，并且图案强会调剧烈的对比。有时挑战一下你的个人偏好是件很有价值的事。尝试扩大你的色彩范围，选择一些你个人并不喜好的色彩。

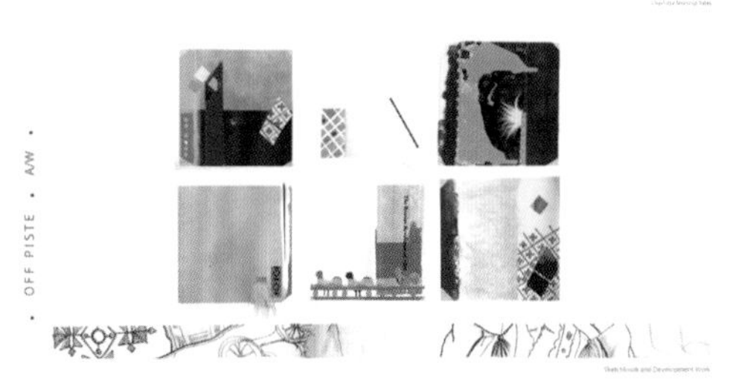

图2-19～图2-21
夏洛特·耶茨（Charlotte Yates）的设计手册，以彩绘条纹和拼贴的形式展示彩色显影技术。采用精细的图纸用于探索装饰性花型和肌理的创意。

色彩趋势预测

有许多色彩趋势预测公司会预测在时尚产业每季在不同方面色彩的应用，比如内衣类、皮革类、鞋类、配饰类等。设计师和时尚买手也需要预测色彩。大型公司会雇佣团队来完成色彩风格预测。色彩趋势预测过程包括预测色系和将色彩分配到不同主题中，并写出色彩和风格描述以便推广时使用。纤维和纱线制造商购买色彩预测信息，帮助制作色卡，这样一来也提供了预测信息。于是，纱线和针织品制造者可以从预测公司和纤维与纱线的色卡中得到色彩信息。这些信息也通常可以在贸易展会上得到，诸如佛罗伦萨的皮蒂菲拉蒂（PittiFilati）展会和巴黎的第一视觉（Premiere Vision）展会。

消费者也许会受到杂志中的色彩趋势广告影响，但最终，只有消费者购买了产品，色彩预测才算有效。

立体造型

以立体的方式来考虑作品的廓型、形式、比例、体积和重量。这种思维方式将织物设计融入服装中。这是一种相当重要的研究和设计过程，并且应当贯穿始终地记录在设计手册中，可以使用备注、草图和照片等方式进行记录。

使用你的调研，将设计结构做成1/4比例或部分的服装，摆布服装图片来启发袖子、领子等部位的可能产生的形态。可以通过人台、弹性针织坯布、针织小样、裁剪纸样和珠针来进行廓型与结构试验。作为一名设计师，你需要了解针织面料在身体上的效果，所以利用多种弹性针织面料进行试验，从而找到与最终的针织物有相似重量的面料。造型和面料应当同时着手；因为它们会相互影响。如果你从现有的针织小样出发，进一步拓展，你的服装结构将取决于这些针织小样的重量和组织结构。

图2-22
在诸如皮拉菲拉蒂（Pitti Filati）和第一视觉（Premiere Vision）贸易展会上，色彩趋势信息被陈列出来（以图片形式）。

工作营

色彩

尝试独特的色彩搭配。观察艺术作品、面料、壁纸小样和礼品包装纸。列出所用的色彩搭配，并判断这种搭配是否有效，然后说明为什么。

1. 利用对比色来做试验，色彩对比可以是细微的或强烈的。尝试用3～6种色彩来进行组合。
2. 尝试利用相近的色调和明暗来进行搭配。你可以尝试一种颜色的多种色调，然后加入一条对比色。
3. 探索中性色彩的图案，白色、米白色、肉色以及灰色。
4. 制作色彩概念。例如，你可以尝试结合柔美的绛红色、金色以及象牙色，形成复古的色板。

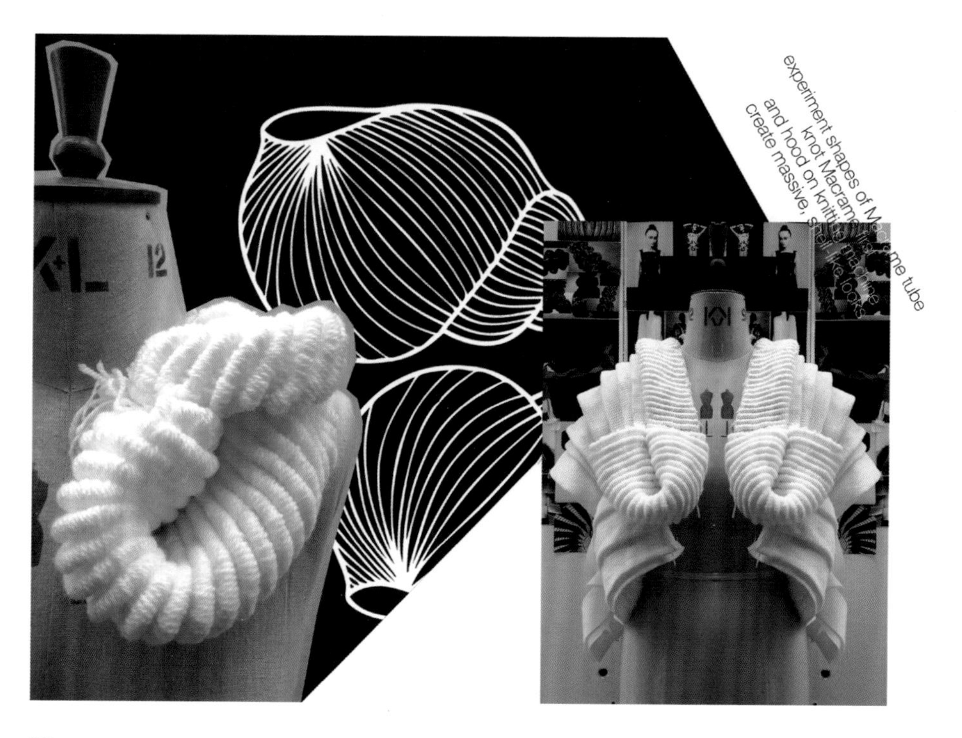

图2–23
曹钦柯在人台上的造型实验。

图2-24
上蜡的绳索，由德里克·劳勒（Derek Lawlor）设计，他采用编织技术制作雕塑感的面料。

设计过程

你可以在针织技术中结合有趣的针织组织来指导设计思路。例如，针织织片可以放在需要增加弹性的部位来辅助设计，如腰部或局部的背部。针织技术和针织组织的位置，有助于服装更加合体。大面积的针织小样可以围裹在人台上来构成服装的一部分；当织物采用局部编织技术时，这种造型方式的效果更加明显。许多意想不到的褶皱和垂坠效果，可以通过不对称包裹和立裁手法实现。服装其他部分可以用针织坯布制作，并且转化成纸样，这些纸样会被转化为针织物。每一个阶段都提供了重要的信息，来助你完善设计。

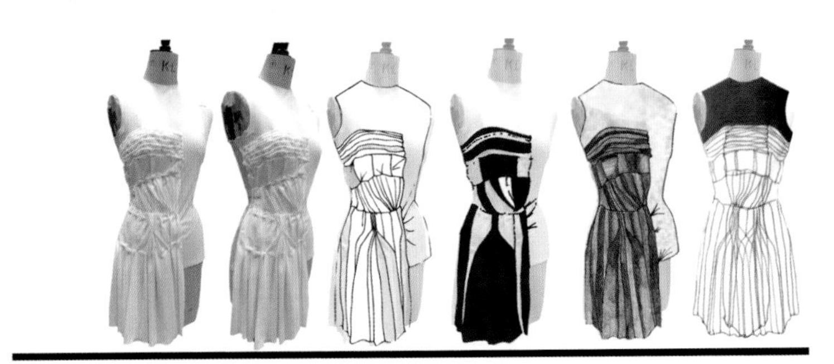

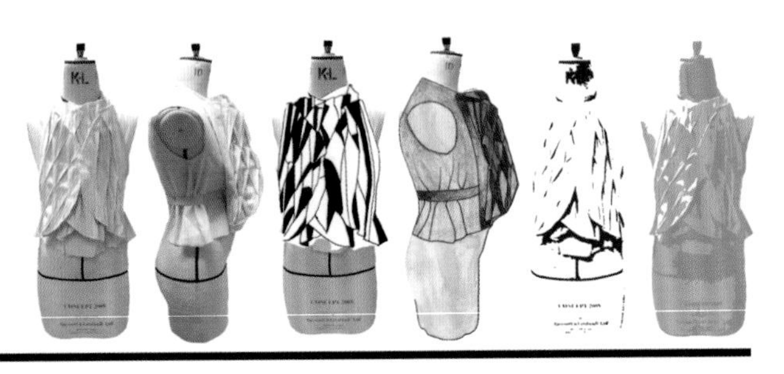

图2-25、图2-26
这一系列页面来自瑞贝卡·斯旺（Rebecca Swann）的作品集，她在人台上展示了雕塑感设计作品的推进过程，通过插图对具有褶皱的针织布进行进一步探索。

当面料被置于身体上时，观察面料的形态，并依此进行设计。当你完全专注于此就会得到最佳的效果，接下来反复调整人台上的立体造型及针织小样，调试合体度和垂褶，调整、修正衣片，来实现期望的尺寸、比例、重量和造型。

创造体量感

所有的针织都可以缠裹覆盖在身体上，但是在制造体积感时需要考虑到织物的重量。较轻的针织物可以形成柔软的褶，但是松厚的针织物会显得厚重。

大概廓型可以通过粗纱线和大号织针在粗纺织机上很快织出来。体积和形状也可以通过重复的方法来获得：精纺针织物用多层重叠的方法塑造大廓型的羽毛状部分，悬垂、荷叶边和打褶技术同样可以增加轻薄针织物的体积和形状。

设计服装和制作纸样在项目开始便要执行了。你可以像雕塑家那样，从服装设计图或概念草图入手，或者也可以直接从针织面料上开始，并在人台上进行造型，用珠针将各部分固定，来实现理想的效果和造型。在开始研发针织物的重量和垂褶之前，这一方法在服装比例和设计细节上，提供了更加直观的视觉效果（你可以在面料上用铅笔画出接缝线的变化、口袋位置、领口大小等）。

图2-27
茱莉安娜·席泽思设计的具有雕塑感的领子。

图2-28～图2-30
瑞贝卡·斯旺采用多重分层技术来创造体量感。

陈述与评估

在项目结束时，你需要把你的作品展示出来并陈述，以便做小组讨论与评估。这为你提供了一个提升展示能力的机会，参与批判性的自我反省，评估你的小组同伴，并向同伴学习、分享经验、吸收具有建设性的意见（同时也要为别人提供建设性意见）以及明确表达设计目标的能力。书面的自我评价书则是审视项目过程（包括你的表现和自我发展）和作品的良好机会。

样品和小样展示

针织小样的上端可以附加展示卡，展示卡是一条窄卡片，可将针织小样的上端夹在折叠后的卡片中间，使面料能随意垂下。小样也可以使用展示栏装裱，展示栏由中等重量的卡片或安装板制成。小样可以和设计图分开，但在许多情况下，最终设计稿也会被画在展示板上，用于说明最终的设计思路。

针织小样实验成果也可被加入到设计进度板上，进度板是设计手册的视觉延伸。一个设计进度板应当记录下不同阶段的工作，包括草稿、示意图、立体作品的照片等，便于与设计视觉效果互动的同时记录工作进展。

选择最好的样本用来展示；其他样本放在你的技术文档或设计手册中。挑选出的针织小样附在概念板上效果会非常好，因为设计主题和色彩都可以通过针织花型强度传达出来。例如，一片呈现鲜艳色块并采用粗纺纱线紧密编织的织物，与色调

图2-31

夏洛特·耶茨（Charlotte Yates）的设计手册，展示了服装设计的进展过程和服装的最终呈现效果。灵感来自滑雪服，这幅草图描绘了一件精细的，具有手工制作育克的针织棉服。

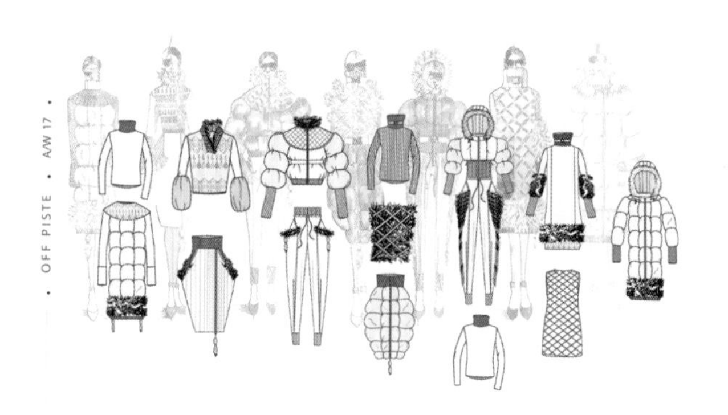

图2-32

夏洛特·耶茨的设计手册，展示了以滑雪服为灵感的最终服装系列的效果图以及每件服装的款式图。

图2-33

夏洛特·耶茨设计的以滑雪服为灵感的服装系列，采用了缩褶、染色面料和刺绣装饰。

柔和采用精纺纱线编织的蕾丝网眼织物，将会呈现出截然不同的概念和色彩风格。

记住不要将小样的四周都粘住，织物需要通过手感来进行评估。

服装效果图

你需要有效地传达你的设计概念，所以选择最合适的绘画风格来制作效果图。通常需要画出服装正面和背面图以传达完整的设计效果。你的设计效果图会被放在展板上。效果图要清晰明了，并传达出肌

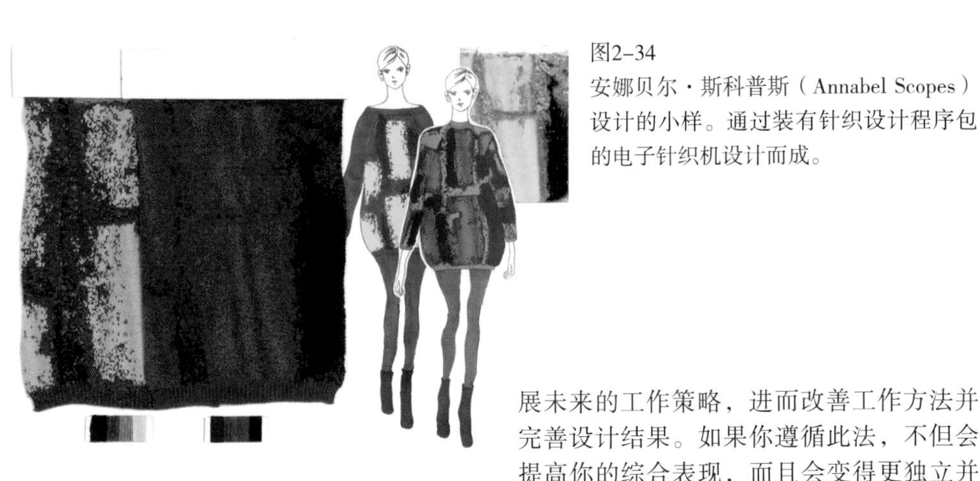

图2-34
安娜贝尔·斯科普斯（Annabel Scopes）设计的小样。通过装有针织设计程序包的电子针织机设计而成。

理效果和设计细节。灵感源通常也可以呈现在展板上，可以增强设计系列的风格感。效果图的比例很关键：应当展示正确的尺寸，廓型也要精准。

除了效果图以外，有时也会将款式图加到展板上。这些款式图通常是服装生产过程中的说明书或者工艺示意图，有助于与样板师、针织机技术员以及编织工人进行沟通。这些图要准确地描述服装的结构，精确地标出比例、服装尺寸、分割线、缝迹线、口袋、系带的位置以及领口细节。这些技术性图稿或称工艺图，也应当保存在你的技术文档中，与服装尺寸、纱线细节、服装成本、针织小样和纸样说明放在一起。

自我评估

自我评估的目的是从经历中汲取经验。自我评估会帮助你去适应、调整和发展未来的工作策略，进而改善工作方法并完善设计结果。如果你遵循此法，不但会提高你的综合表现，而且会变得更独立并善于学习。

首先评价你的设计手册，设计手册贯穿整个项目始终，可以反映整个设计过程以及结果。草图本每页都彼此相关，仿佛在讲述一个故事，记录你的灵感思路。你本人、你的灵感以及工作方式都是独一无二的，这是一个充满个人特点的作品。

从平面的草图和纸样到立体的织物，从针织实验小样到针织成型织片，研究和设计的每个阶段都很重要。这些不同元素的组合使你更加明确设计的理念，帮助你形成好的工作方法，这种方法可以推广到所有的概念设计项目中。

随着你的继续学习，你应该可以表现出更强的自我认知能力，并能够拓展你的个人工作和工作方法的理解力。你应该能够指导你自己向前发展，明确个人的优势与亟待提高的劣势。

工作营

反思

在项目结束后，问自己以下问题：

1. 你的调研对自己有启发性吗？
2. 你的基础调研是否做足了？
3. 你是否深入探索过调研中最有意思的部分？
4. 你是否尝试了所有创新的方法，并将你的想法发展到极致？
5. 你喜欢所选的色系吗？
6. 你的纱线选择过程是否给了你启发和灵感？
7. 你是否拓展了你所选择的设计过程和技术，并探索了新领域？
8. 你最终的面料小样与设计概念相符合吗？
9. 你的设计系列是否体现了季节需求？
10. 设计是否迎合目标市场？
11. 你学到了什么？
12. 如果让你再做一次，你会改变些什么？
13. 你下一步准备做什么？
14. 目前有哪些你想进一步探索的想法？是否已经被付诸实际？

图2-35
塔利娅·舒瓦隆（Talia Shuvalon）的毕业设计系列呈现出现代时装对图形的偏好。

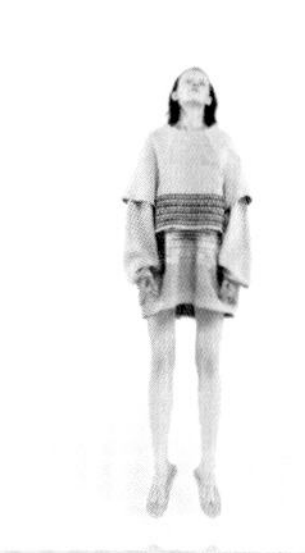

图2-36
塔利娅·舒瓦隆采用了精细的绿色、泥灰和黑色羊毛编织而成的层叠织物制作的服装，强调了她干净、简约的建筑设计风格。

组织肌理建构 3

织物表面的立体效果可以通过不同的编织技术和不同重量的纱线组合形成。一旦你掌握了基础的线圈变化和图案技术，你就可以开始进行针织实验了。在第三章，我们将关注图案和肌理的结构，在家用机上运用基础的针织技术。主要有条纹和张力的变化、图案、现代蕾丝和肌理效果相关的练习，比如绞花和衬垫织物。

做好技术文档的整理和保存很重要，这会对你的学习提供长足的帮助。整理和记录所有的针织小样，标注织物的质地和适用的设计。在需要的时候，你可以利用技术文档复制织物小样。技术文档是一直伴随设计师个人的资料，每一个项目都应该加入其中。

“针织的本质与美在于设计师从零开始创造一切；他创造出线迹、手感、重量并选择色彩，同时决定肌理和廓型，掌管成品和细节。”

——李·艾库特（Li Edelkoort）

图3-1

兄弟品牌2010年秋冬服装系列的展示品，这一骇人的针织怪物，由在苏格兰用苏格兰羊毛制作的Polo领、慢跑裤和手套组成。内部采用针织设计程序制作出独特的图案。还有针织填充马甲和鲜亮的手工丝网印刷，以及采用拉菲草手工编织在巴拉克拉法帽上的莫西干头发型。

密度小样

正确的张力对于针织服装制作十分重要。密度小样对于制作满足尺寸和面料品质要求的针织服装来说非常重要；它能够让你计算出要起多少针，要织多少行，要增加或减少多少针。如果你的服装中涉及蕾丝或者组织工艺的变化，这些细节都需要制作密度小样。通常，一件服装需要制作许多密度小样。

使用现有的针织花型时，针织花型说明中需要提供织物密度数据。一系列数据，如每10平方厘米（4平方英寸）对应30针40行，意味着你需要起30针并编织40行，来形成一个10平方厘米（4平方英寸）的方形织片。如果你的织片与密度小样不匹配，你的织片就不符合正确的尺寸，就需要调节针织机的密度设置。在技术文档里记录这些密度小样、纱线和仪器刻度的细节十分重要，这些可以作为未来项目的参考。

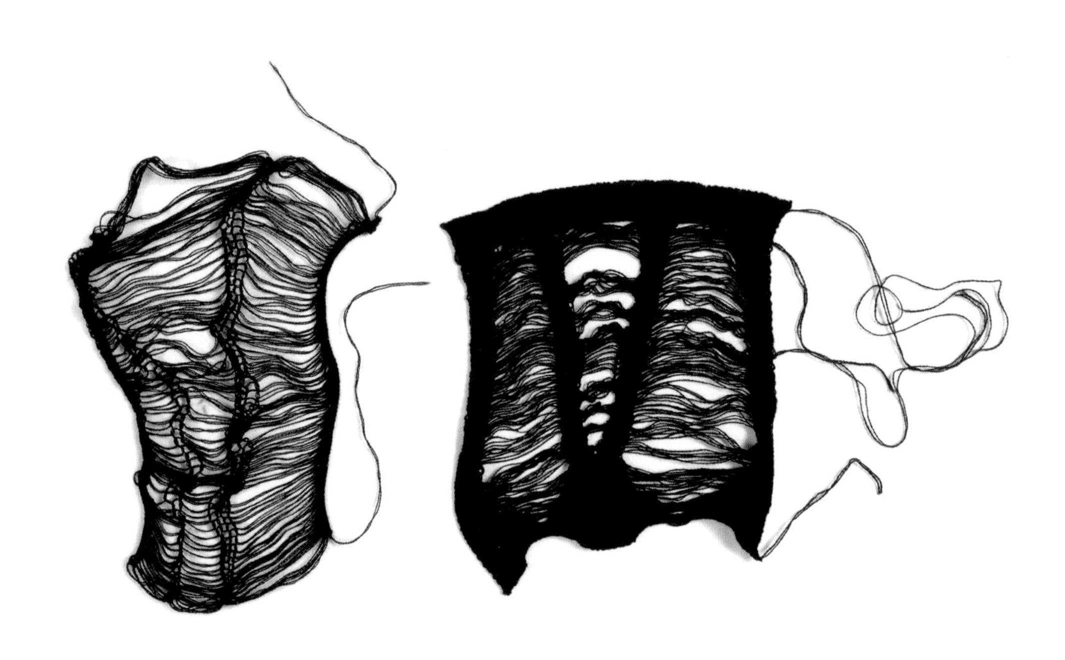

图3–2
针织密度小样，呈现脱散和网眼效果。

图3-3
由曹钦柯的针织密度小样，采用家用针织机制作的三维立体结构。

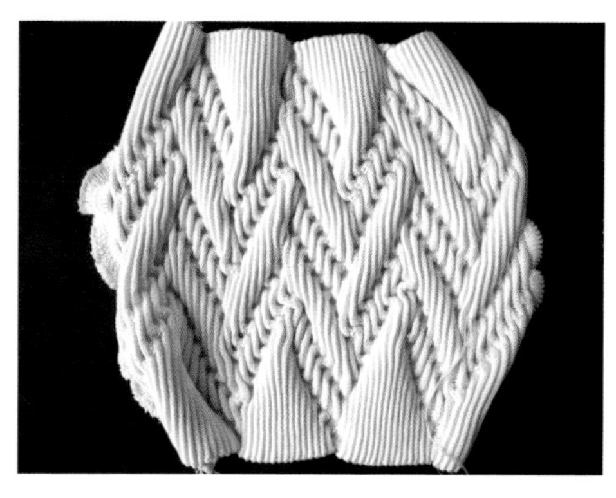

图3-4
由曹钦柯制作的CAD花型，电脑横机织造，采用羊毛和橡筋。

图3-5
由曹钦柯制作的CAD花型，强力针织机织造，采用了合成纤维混纺纱线和橡筋。

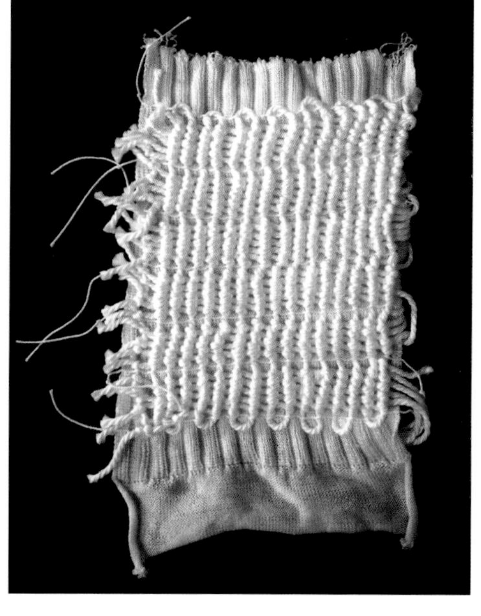

图3-6
由曹钦柯采用针织衬纬技术制作的小样、工业手摇横机、羊毛和棉线。

制作密度小样

现在有很多种不同的方法都可以制作密度小样，大多数设计师都会使用最适合自己的方法。这里介绍两种最常用的方式：测量密度和计算方形小样的密度。

贴士

注意：测量以公制为单位。若与英制换算，则1厘米=0.39英寸。

计算每厘米的行数
50行=13.5厘米
100行=27厘米
100／27=3.7行
3.7行=1厘米

计算每厘米的针数
50针=15厘米
100针=30厘米
100／30=3.3针
3.3针=1厘米

图3-7
安娜贝尔·斯科普斯（Annabel Scopes）制作的密度小样，展现了花型工艺的组合。

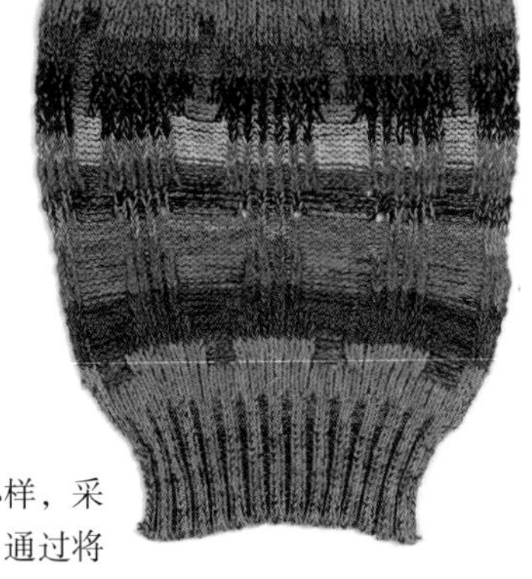

图3-8
安娜贝尔·斯科普斯制作小样，采用双针床粗针针织机编织。通过将前针床的织针移至后针床来创造出花型图案。

测量密度

1. 编织一块大约80针宽、20厘米长的小样，使用最终编织服装用的纱线。记录你编织了多少行。（注意：如果你正要匹配一系列密度数据，那么你需要额外多织大约20针并多织30行，这样样本比与密度小样的大小更长更宽；这是因为针织物边缘会卷曲。）
2. 把小样从针织机上取下，水洗或熨烫一下后平放。按照你对成品服装的整理方式来整理该小样。
3. 选择小样上平整的部位；不要靠近织物边缘，因为织物边缘线圈可能已经变形。
4. 量出10厘米的宽度然后用珠针标记，数出珠针之间的针数。每厘米的针数为总针数除以10。
5. 量出10厘米的长度然后用珠针标记，数出珠针之间的行数。每厘米的行数为总行数除以10。
6. 记录针织机的针型以及型号，记录纱线的粗细、颜色和纱线品牌（最好将这些写在标签上，并贴到小样上），便于日后与密度小样相匹配。

你实验的许多织物小样也可以作为密度小样，用于质地的针织花型。但要记住，当将密度小样与密度数据相匹配时（比如说10平方厘米内30针40行），这些密数值必须是正确的。如果成品的30针宽度少于10厘米，则织出的面料过紧，这样就需要使用更松的密度，或者在针型更粗的针织机上重新织。如果30针的宽度大于10厘米，则编织的密度过松，这需要使用更紧的密度，或者在针型更细的针织机上重新织。同理，如果40行的长度大于或者小于10厘米，则针织机密度需要做相应调整。

密度小样的计算

另外密度小样的计算方法是量出50针、50行的矩形，用来计算织物每厘米的行数和针数。这种方法当绘制针织物图案时使用。

1. 用废纱线穿过针织机；废纱线的种类和重量可以与编织服装用的纱线相似，但颜色上要形成对比。
2. 起大约80针，使得布料的宽度大于所需的50针。这样可以避开织物边缘的卷曲。
3. 用废纱编织15~20行。
4. 使用编织服装的纱线编织50行。在织到25行时暂停并在织物中间做记号，以便标注50针的位置。可以用不同颜色的纱线穿插在织物上做标记。
5. 再换回到废纱线，并在收尾前再编织15到20行。
6. 水洗或熨烫小样，让它平整。
7. 将密度小样平放，准备测量计算。例如，如果50行长度为13.5厘米，则我们可以推断出100行是27厘米，也就是说每厘米有3.7行。如果50针长度为15厘米，则100针就是30厘米。为了计算出1厘米中的针数，我们用100除30，得出每厘米3.3针。

注意：因为无法织出3.7行或3.3针，所以最终的测量结果应当四舍五入。

基本工艺

作为初学者，有许多你需要学会的工艺。起针、收针和挑起脱落的线圈这三种工艺全部需要手工操作；这些工艺也可以和其他的技术结合来形成一些有趣的效果。你最好能花一些时间练习这些基本技巧，以便可以在针织作品中运用自如。

起针和收针有许多种方法，每一种都能形成独特的边缘和视觉效果。起针和收针技术不仅用于针织品的开头和收尾，它们也可用在针织成型、蕾丝工艺和扣眼上。

起针

有两种有用的起针技术，包括手工“封闭边缘起针”，这种边缘不会脱线因为其创造了完整、牢固的边缘；另外“开放边缘起针”，提供了一种开口线圈的边缘，这种边缘既可以在之后继续编织，又可以取下后做下摆。

封闭边缘起针

1. 将纱线穿过张力弹簧和张力碟。再把纱线向下拉到针织机的左侧。
2. 将需要的织针移动到休止位（当织针在织床上被向上推至顶端的时候）。
3. 把纱线打一个活结，然后将其放在左手边织针的末端，机头在右边，从左向右编织，逆时针绕线（这也被称为“e型”绕线）。
4. 当在右侧最后一根织针上缠完线，将纱线穿入机头内。
5. 推动机头进行编织，如此反复直到针织机下面的织物达到合适的长度，可以悬挂重锤。

开放边缘起针

1. 将纱线穿过张力弹簧和张力碟，机头在针织机右边。
2. 指定数量的织针移动到编织区域。
3. 用废纱线先编织一行。抓住纱线的末端，同时移动机头穿过织针，形成一行线圈。
4. 在这行线圈中间放置一条尼龙绳，放在织针和沉降片之间（在针床上最前端织的一行夹片）。用手紧抓住尼龙绳的两端，向下拉。
5. 将尼龙线固定在适当的位置，编织10行或者编织足以悬挂重锤的织物长度。
6. 取掉绳子，从一端轻轻抽出，然后继续编织或换成需要的纱线编织。

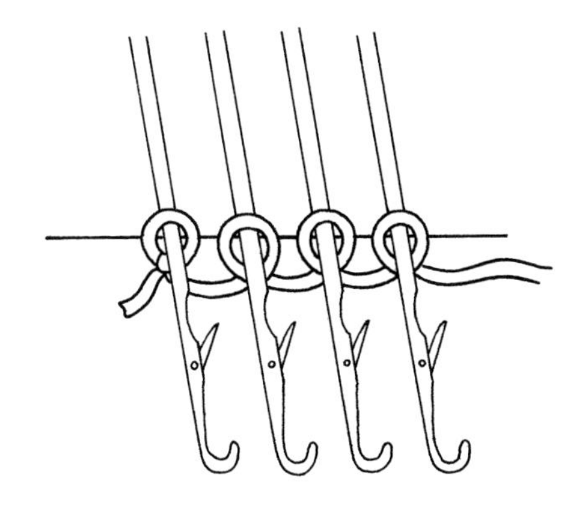

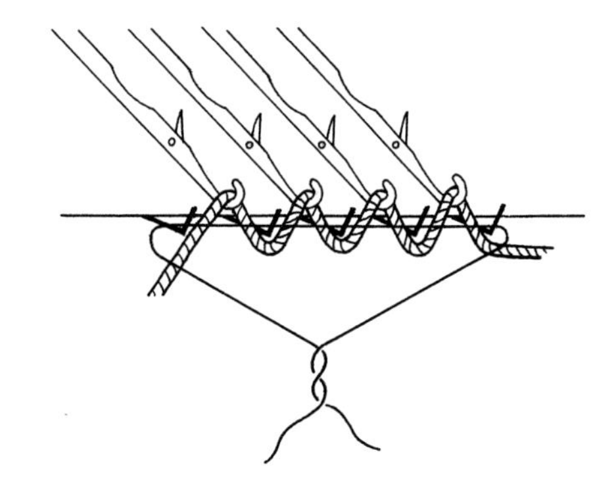

贴士

织针位置

在大多数家用纺织机上有四种针位（百适牌Passap针织机只有两种）。在针织机针床的任意一端都刻有大写字母：在针织大师上写有A，B，C和D；在兄弟牌上写有A，B，D和E。为了能够操作织针，你需要将针锺与字母相对应。具体位置说明如下：

A：处于不工作状态和不参与编织的织针（NWP）。

B：处于工作状态的织针（WP）。

C（在Brother上是D）：织针处于上工作位（UWP）。

D（兄弟牌针织机上的E）：织针处于休止位（HP），当休止三角开关打开时，织针不工作。

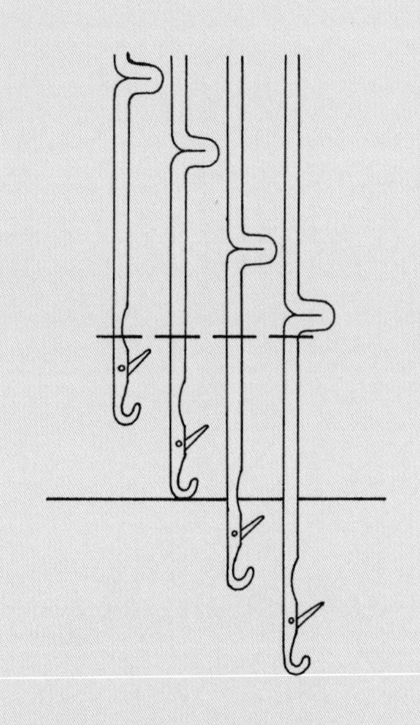

收针

织片编织完成后，所有的线圈都要牢固且整齐地收边。与起针相同，收针也有多种方法。以下方法需要用到一种移圈器。将纱线从机头和密度控制钮取下做会更容易，如若不然则可以从纱嘴上拉下一些多余的纱线来放松张力。收针方向与机头所在位置相同。

收针技术

1. 将移圈器放在第一根织针上。拉出线圈使其放到移圈器上。
2. 将线圈放到下一根织针上（可以在信克片的前面或后边）。拉出织针使两个线圈落在针舌之后。
3. 从纱嘴上拉出纱线并搭在针钩上，使纱线位于针舌之前。拉出的织针返回后形成一个新线圈。两个线圈被编织成一个，其中一个线圈已完成收针。
4. 重复以上步骤直到织物末端。用纱线穿过最后一个线圈收尾。

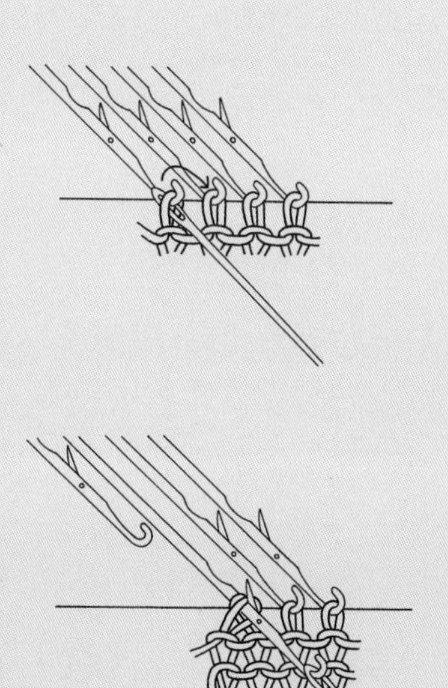

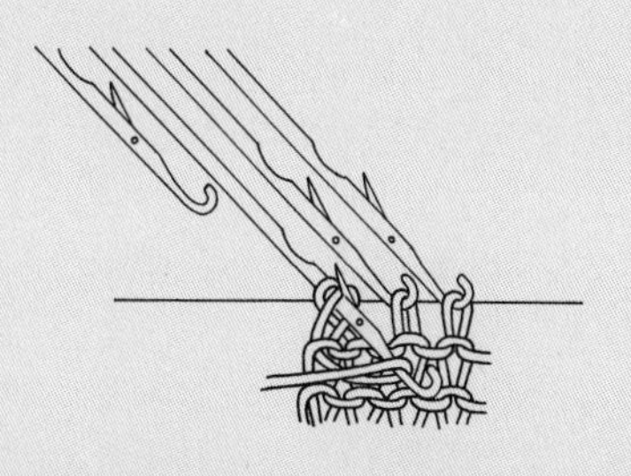

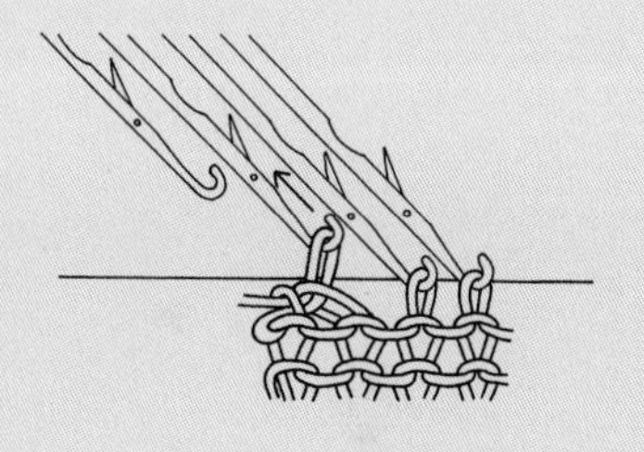

修补针法

如要修复脱落的线圈，需要使用一种舌针工具来手工整理线圈。如果一个线圈脱落了数行，则需捡起线圈并重新编织。

修补脱圈的织物

1. 将舌针从织物后面插入，直接插入需要修补的线圈下面。
2. 向前推舌针，使线圈落在舌针之后。将上一行浮起的纱线套在针钩里，向后拉舌针，用勾住的纱线使针舌闭合。
3. 再拉出舌针工具，纱线滑过闭合的针舌，在针钩里形成了一个新线圈。
4. 继续挑起这样的浮线，注意一定要钩在线圈垂直上方的位置。
5. 当钩编至最上一行时，用单独的移圈器把线圈放回到织针上（见下面说明图）。

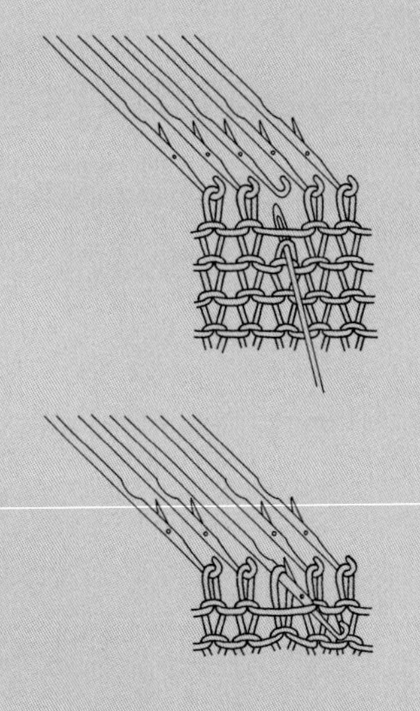

贴士

技术文档

一旦你掌握了基础起针和平针编织技术，你就会对针织机及其工作原理逐渐熟悉起来。在技术文档里保存所有你的发现。理想情况下，文件应当包含如下内容：

- 针织机的工作原理以及机头功能等。
- 对于针织机的保养和照顾。
- 手工制作的针织样片：密度测试、条纹组织、蕾丝网眼、空针编织及收针细节，如卷边和锁扣眼。
- 打孔卡片或聚酯薄片的针织样品，如费尔岛图案、浮线组织或拉针组织。
- 罗纹组织的针织样片，如在双床针织机上编织不同尺寸的罗纹，或者在单床针织机上编织假罗纹。
- 与设计相关的纸样和样品，比如服装局部的设计，诸如育克或领子。
- 与针织样品相关的示意图或说明。
- 费尔岛图案或针织组织的意匠图。
- 用于制作服装的笔记和针织板型，比如针织成型服装板型。
- CAD信息以及任何此类相关工作，比如图案输出、样品和标注。
- 纱线样卡——为服装制造商制作的配色卡。
- 坚持剪下杂志报纸上最新针织服装的流行趋势。

针型调节盘：密度条纹

一定要确认针型调节盘的参数设置符合纱线特性。密度针盘控制（线圈）的大小。针盘设定为0会出现最紧（最小）线圈；针盘设定为10会出现最松（最大）线圈。如果密度过紧，则编织起来会很困难，而且服装穿起来会很硬很不舒服；如果张力过于松，则服装没有廓型。

练习用不同的纱线在不同的密度下编织。针型调节盘上较低的数字适合精纺纱线，而较高的数字适合稍粗一些的纱线。

当你熟练掌握合适的密度，并能掌握针织物编织，你可以尝试用不同的密度，并且变化纱线粗细、重量、纤维含量、色彩和肌理来创造密度条纹小样。

制作条纹小样

1. 以常规方式起针并织出一定数量的行数。
2. 剪断纱线，并通过张力碟在第二个纱嘴上穿入第二种颜色的纱线。
3. 将新纱线和剪断的纱线从编织方向拉出，避免成圈。织出一定数量的行数并重复。
4. 每种颜色重复编织数行，然后尝试改变每种颜色编织的行数。

当编织横向条纹时，需要注意在各部分缝合时要对齐线圈纵列。

纵向或斜向条纹可以通过打孔卡片或聚酯薄片来辅助编织，这些可以通过CAD设计，或者通过选针技术（固定织针）来实现。

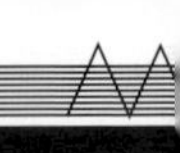

图3-9～图3-11
为目标而编织，这些多变的条纹样片是由凯瑟琳·布朗（Catherine Brown ）为一个叫叛逆的格纹（Rebel Tartan）的项目研发的。它们被设计出来与美国解放基尔特公司（Liberation Kilt Company）设计的蓝心格子一起，用于强调阻止人口贩卖所面临的困境。

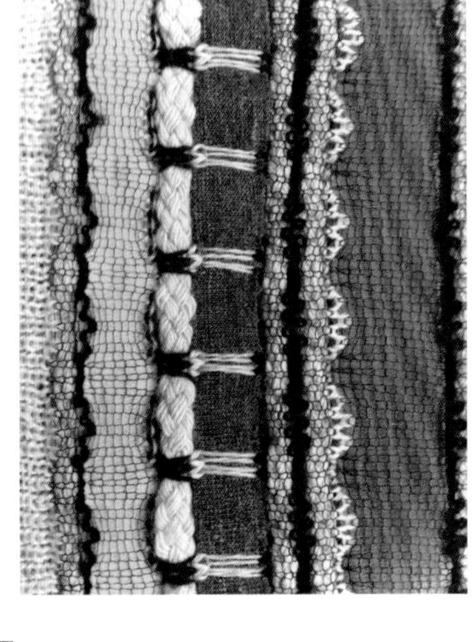

图3-12、图3-13
塔利亚·舒瓦洛夫（Talia Shuvalov）设计的双针床针织机编织的系列针织小样，混合了平针编织的条纹和更复杂针织花型的条纹，呈现出不同粗细和质感的纱线编织而成的集圈、衬垫和空针编织效果。

图3-14
塔利亚·舒瓦洛夫（Talia Shuvalov）设计的时装形象，呈现不同比例条纹的合体服装。

蕾丝

现代蕾丝是半透明网状物和松散浮线、有图案的网眼以及不规则漏针的组合。通常是由较轻的精纺纱线织成。把这种精纺纱线在粗短规格的针织机上编织会得到一种柔软、半透明的、柔的丝网。马鞍花型只能采用每两针或三针来起针。平纹蕾丝是将一针置于紧邻的另一针上，来形成孔洞效果。

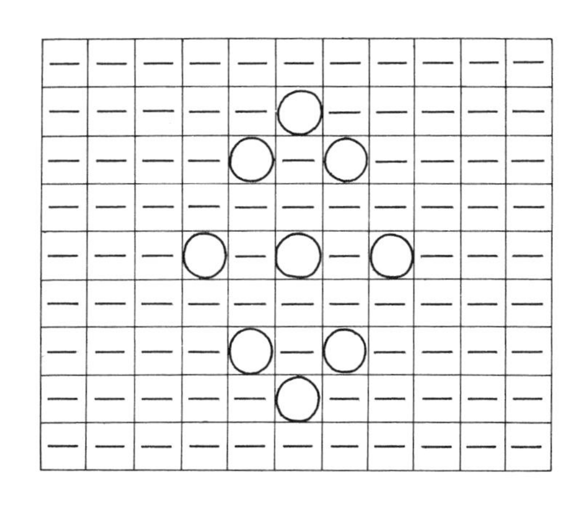

图3-16
意匠图展示了蕾丝的网眼花型。

图3-15
网眼花型构成：一种基础的移针工艺。

图3-17
针织设计师马克·法斯特（Mark Fast）设计的蕾丝，2017年2月伦敦时装周。

移圈组织（纱罗组织）

蕾丝织物采用基本的针织移圈技术，使用多头式移圈器将线圈从一组织针转移到另一组。这使一次转移多个线圈成为可能。线圈既可以转移到针床的其他织针上，也可以通过脱圈形成一长列浮线。全自动蕾丝机头适用于单针床家用针织机。所选的线圈会被自动转移到相邻的织针上。

多个线圈可以同时移到一根织针上，或者改变线圈的位置来形成特定图案或改变浮线的形状。各种网眼设计和小孔洞的形成都是基于针织移圈工艺。

当使用双机床针织机时，移圈工艺需要一种“锥子”工具来实现：这是一种两端带有孔眼的工具。当用这种锥子的一端转移出线圈，倾斜工具，线圈就滑入另一端，可以非常容易地把线圈转移到另一针床上。

空针编织

空针编织可以产生网眼效果，是移圈工艺的夸张视觉呈现。空针编织可以形成一定的图形，通过将浮线一端的线圈平移，并将浮线旁边的空针推回工作位的方式来实现。这些编织动作需要每编织一行或两行重复一次。

工作营

蕾丝编织技术／孔眼

1. 正常起针，编织出一定行数。
2. 使用移圈器，将线圈移到相邻的织针上，并将空出的织针移到位置B（工作位）处。
3. 织两行来封闭孔眼。
4. 通过变化简单的针织结构可以得到更多复杂的蕾丝花型。尝试一次转移多个线圈并将其移到不同方向的织针上。

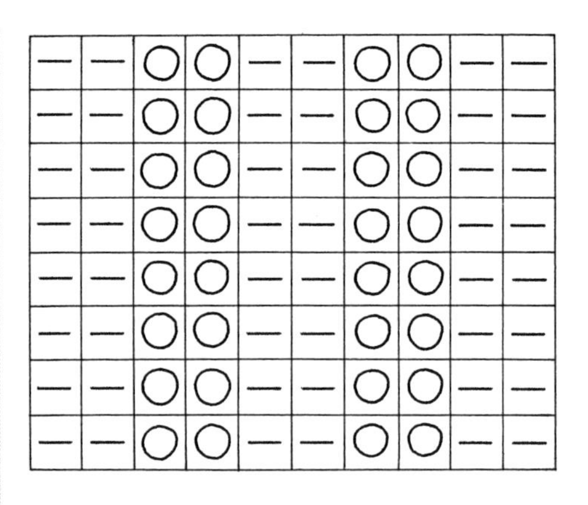

图3–18
意匠图展示了两针宽度的浮线组织。

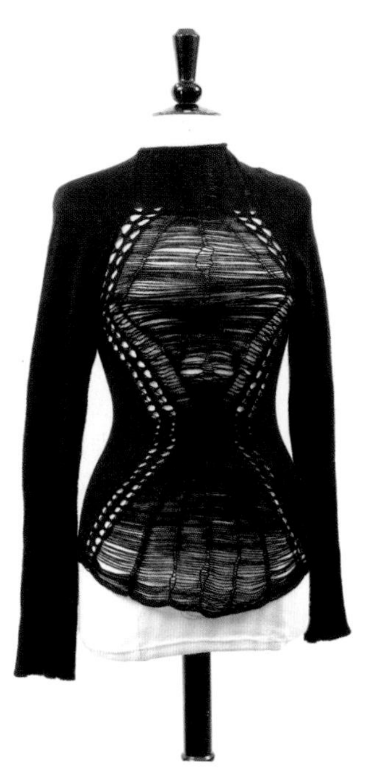

图3-19
茱莉安娜· 席泽思设计的具有网眼细节的浮线组织图形。

图3-20
品牌罗达特（Rodarte）设计的蕾丝，2008年秋冬时装发布会。

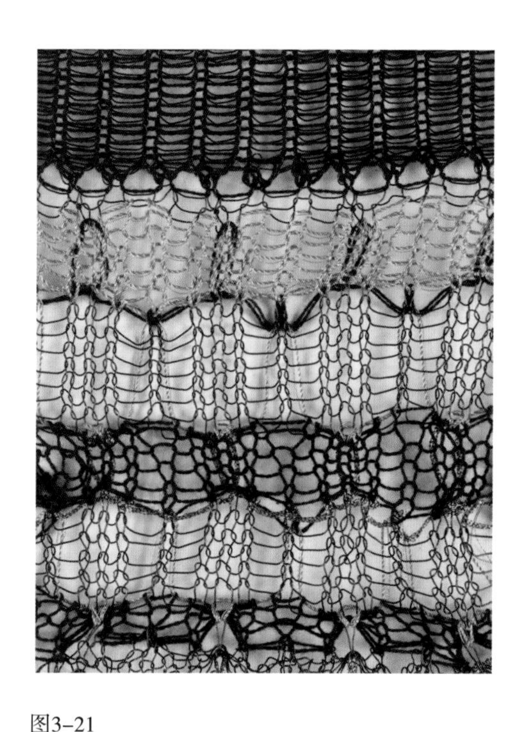

图3-21
茱莉安娜· 席泽思是伦敦的维多利亚和阿尔伯特博物院的驻馆设计师，样片采用黑色、金色的棉线以及黑色金属丝编织而成，运用了条纹、浮线、移针等多种组织工艺，使用家用针织机编织而成。莎拉·霍奇斯拍摄。

工作营

空针编织工艺

1. 将一个线圈转移到指定区间，空针处不编织（位置A）。例如，你可以间隔的留四针作为空针。这样在编织过程中便会形成浮线效果。再将原来的空针移回工作位（位置B）继续编织平针。这种技术可以用来创造装饰性花纹，如编织对比效果的纱线或者在浮线效果中穿插缎带。
2. 另外，若要罗纹效果，用一个舌针在织物反面（下针）挑起浮线来修复线圈，一次挑起两根；挑起一根纱穿过另一根纱，如此持续地挑线钩编，直至到达浮线顶部。以这种方式留2个空针，浮线钩编的效果更明显。
3. 设置多根空针，尝试编织宽一些的浮线。你可以通过用舌针随意挑起附近的浮线并将其钩在最近的织针上，来创造有趣的蕾丝效果。
4. 创作有形状的浮线。尝试在针织物间隔编织的行数，移动已有浮线两端的线圈。将空针移到不工作位置（A位置）直到你达到了想要的浮线宽度。然后逐一将空针移回工作位（B位置）。探索这种工艺的多种可能。

注：如果两根相邻的空针同时被移回工作位，不会形成两个单独的线圈，而是会形成一个更大的线圈。

表面肌理

基础花型的变化会为你的织物增加装饰性元素，并在很大程度上改变织物的外观和性能。例如，采用精细纱线编织的针织物可以通过花式针法的使用形成更厚重的效果。

添加表面肌理的三种主要技术是衬垫组织、拉针组织和跳针编织。布满图案的机织物（也被称为衬垫），几乎没有弹性，这样的面料更加牢固而且可裁剪，很少脱线。拉针组织可以产生比较蓬松温暖的效果，并具有弹性。这是一种具有稳定边缘且不卷曲的织物，这使它更易于被应用在服装上。跳针编织可以创造一种不透光无弹性的特殊织物，织物上的所有浮线都可以作为装饰用，或者创造一种轻量、具有肌理感的绝缘织物。挑针编织工艺同样是为织物表面添加肌理的有效方法。

拉针组织和跳针编织采用了相似的选针工艺。这两种针法通过使用打孔卡片或者聚酯薄片进行编织。两种织法都必须混合平针针法使用，拉针组织的每一针在两侧都要添加平针。也可以在机头的一个方向上进行拉针或跳针编织，然后在另一个方向上进行平针编织。两种针法都可以结合彩色条纹，产生彩色肌理的效果。

拉针组织

拉针组织可以在面料两面都呈现肌理效果；但是呈现在织物反面的肌理更常见。小范围的花型可以制造出蜂窝状效果，而大范围的图案可以制造出宽阔的浮雕花型区域。

纱线被套在织针的针钩里进行编织。拉针线圈通过将纱线拉出原位而使织物变形，这样便可创造出有趣的图案肌理。不平整的肌理可以通过正常编织前在同一针钩中集入多行线圈来实现。要记住的是每根针内可以穿过的纱线行数是有限的，这取决于你使用的纱线的粗细和类型。大多数家用针织机可以集6～8个线圈。如果使用额外的重锤和更紧的密度，或许有助于集更多的线圈。

手动选针可以让你不用顾忌机头、打孔卡片和聚酯薄片上的设定，这让你能够尝试更多的纹样。拉针组织也可以通过手动编织，并不需要用打孔卡片或者聚酯薄片，而可以通过将选择的织针放置在休止位，并打开机头的休止三角来实现拉针。在进行几行拉针之后，关闭机头的休止三角，然后编织一行平针。这样你可以改变休止的行数或编织的位置。

贴士

在打孔卡片上，空白的地方做拉针，打孔的地方编织正针。如果你用电子针织机，你可以在聚酯薄片上标记拉针的线迹。如果你选择反向选项按钮，编织出的图案是相反的。

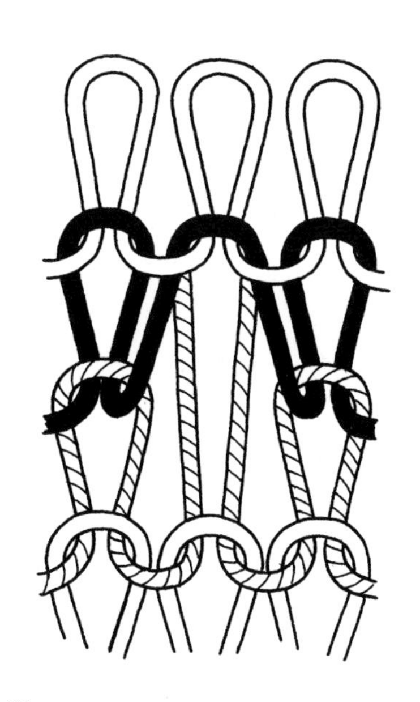

图3–22
拉针组织的结构。

工作营

手工编织拉针组织

1. 每隔三针将一针推出放在休止位，将机头上的休止三角打开。
2. 编织三行。取针让梳机退出作用状态，编织一行平针。
3. 重复该过程，这样你就可以自由试验不同的拉针组织纹样。

机头也可以设置为同时编织两种颜色纱线的状态。你可以通过结合拉针和条纹组织来创造多彩的花型。

1. 用一种颜色编织两行，选择单数针用来做拉针，双数针用来编织。
2. 用第二种颜色再编织两行，用单数针做拉针，双数针做编织。
3. 重复该过程来创造出点状图案。

基础编织有许多变化。有一些有趣的工艺值得探索：放置一张图案打孔卡片用于休针，然后每隔三、四行编织一行平针；这种方法很适合织纵向图案。若要编织蕾丝效果，可以试着在间隔的织针上以较紧的密度，往返几行制作拉针组织，并以相对松的密度编织平针。

图3-23、图3-24 帕·伯恩（Pa Byrne）设计时装的图片，体现了采用羊毛编织的移针组织和拉针组织效果，在编制完成后做了轻微的羊毛缩绒处理。

跳针编织

跳针编织方法是跳过未选择的织针，让纱线从该针前面滑过，并形成“浮线”，也可以称作浮线组织。成品的反面布满浮线，显示出了图案的肌理。覆在织物表面的浮线呈现紧绷的状态，因延展量小而使织物的宽度变窄。在打孔卡片针织机上，打孔的位置正常编织，而未打孔的位置跳针编织。在电子针织机上，你可以将跳针编织部分标记在聚酯薄片上，如果选择反向按钮的话花型会被翻转。

跳针编织还是双色编织或费尔岛花型的基础编织方法。每种颜色编织两行可以形成图案。如果你将跳针编织方法与条纹编织方法相结合，你可以在织物的反面得到复杂的，类似马赛克的图案。

工作营

跳针编织

1. 选择奇数针来编织，偶数针跳过。跳针编织两行单色。注意：一定要从该行第一根针开始编织，以确保织物反面的浮线是从编织的边缘开始的。
2. 换回原来编织和调整编织所选的织针，用第二种颜色跳针编织两行。跳针编织的线迹会延伸到上面一行当中，在织物反面形成图案。
3. 当选择相同的织针连续几行做跳针编织时（使用打孔卡片做辅助），会形成波纹状效果。之后再用平针编织，如此反复。

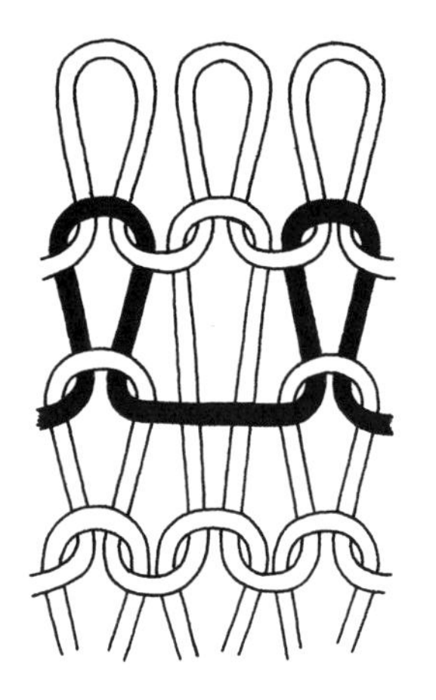

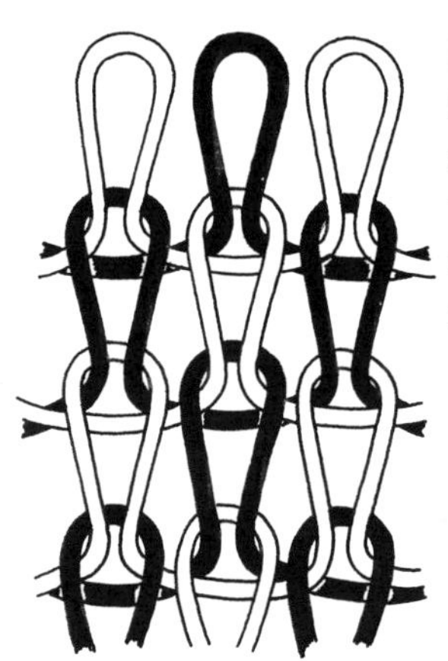

图3–25、图3–26
跳针编织会在织物的反面形成浮线（图3–25）。同时在技术层面上，可用于编织双色花型，在织物背面形成双色浮线（图3–26）。

图3–27
露丝·卡朋特（Ruth Carpenter，）的针织小样采用了电镀技术。她从滑针编织中获得灵感，这类针织面料可以采用工业双针床针织机编织而成。

图3–28
额外的纱线被从交替织针的上方与下方穿过，然后经过编织形成波纹状线迹。

衬垫组织

衬垫组织也被称作垫纱，是制作不同肌理表面的最通用的技术，但它并不是严格意义上的针织花型变化。垫纱通常是在针织物的背面编织，来起到衬垫的最好效果，这些针织品与机织物有相似的特点，几乎没有弹性。针织编织是按正常的方式进行的，但在垫入额外的纱线时，纱线首先穿过针床，并从交替织针的上方与下方穿过。然后被编织到织物中，在交替编织针的下方被固定住。纱线可以缠绕在织针上，也可以被穿入针织物中；可以制作完整的图案和条纹，还可以用来制作堆叠线圈和装饰流苏。

基本的打孔卡片编织方法可以用于多种纱线，诸如精纺结子纱和马海毛。放置好打孔卡片，放低编织毛刷，第二种纱线被放置在用于垫纱的纱嘴中，机头在针织机上移动。如果垫入的纱线较粗或者多节，可以使用手工垫纱。

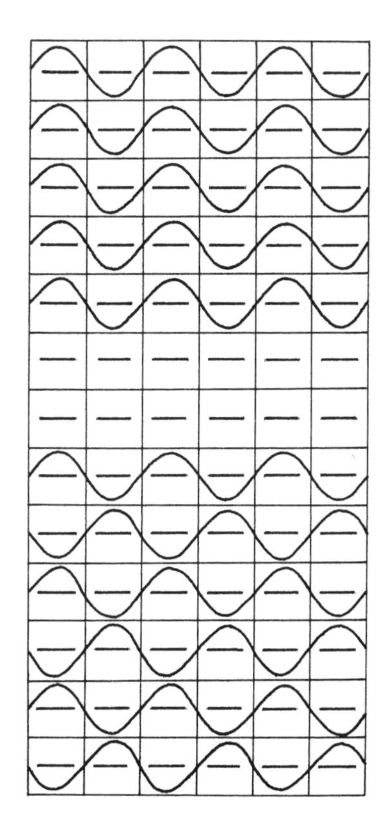

图3-29
衬垫组织意匠图，展示了在织针上方和下方，1×1隔针垫入纱线的重复编织。

图3-30、图3-31
艾莉森·蔡（Alison Tsai）设计的针织服装，展现了衬垫组织和边缘装饰流苏的组合运用。

工作营

手工编织衬垫组织

1. 拉出所有的织针到休止位置。休止三角不工作，但是要将毛刷放低。
2. 选择一种肌理纱线或者条状织物形成机织效果。
3. 将纱线以波纹形式垫在织针的上方和下方。也可以成对操作，即先垫在两根织针的上方，再垫在两根织针的下方。或者可以用任意的组合方式垫纱。
4. 将织好的线圈推后，紧靠信克片，这样纱线就不会缠绕在刷子上。
5. 滑动机头从针织机上穿过。编织一或两行：垫入的纱线就会交织在其间。如此重复。可以织出长浮线，然后从中间剪开之后产生簇状。

跳针编织可以作为衬垫组织的变形。当编织几行平针后，可以加入不同纱线跳针编织一行。这行的织针需要设置好，用来在一针平针与五六针跳针间转换。

衬垫组织的纱线可以在水平方向或垂直方向编织。第二种纱线可以在织物内的单独织针上缠绕；还可以用来编织装饰性效果或者流苏。

手工编织衬垫组织的拓展：堆叠线圈、流苏装饰

1. 拉出需要的织针到起针位置（不要将休止三角设置为工作状态）。
2. 使用一根织针、铅笔或者细条。将细条置于织针以下的起针位置。
3. 将第二种纱线带到第一根针上，从下边绕过小棍然后到第二根针。酌情以此重复。滑动机头，同时保持线圈完全牢固压在针织机上。
4. 最终，剪开线圈形成流苏装饰。

挑圈编织

可以从之前编织的行中挑起线圈，并再次挂在织针上；然后当机头穿过针床时，挑起的线圈将会被织入织物中，形成一种聚合的效果。这种技术可以用于单一针织和复合针织组织，如浮线编织和空针编织。

为了挑起线圈，需要将移圈工具插入线圈中。当向上提起移圈工具时，线圈被挂回织针上。这样会使织物的正面堆积起皱。

贴士

当你刚开始编织时，羊毛是最易于编织的纱线，因为它具有比棉、亚麻或蚕丝更好的弹性。

图3-32～图3-35
贾斯汀·史密斯（Justin Smith）设计的手包。挑圈编织被用于创造不同的肌理效果。

图3-36、图3-37

艾莉森·蔡（Alison Tsai）设计的针织夹克，展现了采用挑圈编织的连接工艺，处理条纹编织和缩绒工艺编织的织物。设计手册展示了花型和制作方式的进展过程。

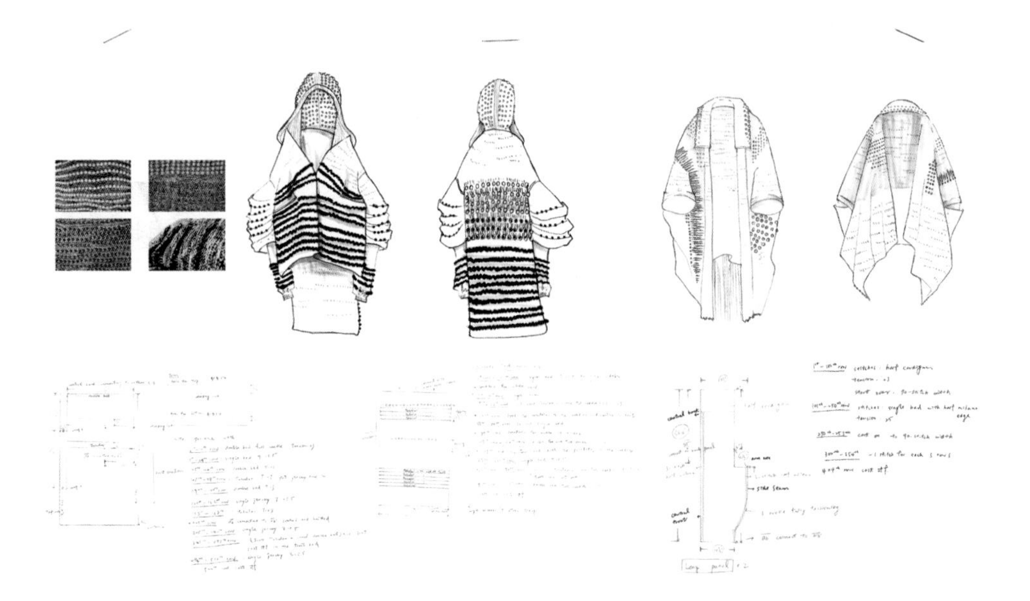

Alison Tsai_ Coding Non Stop 2013

工作营

随机挑圈编织

1. 以通常方式起针并以第一种色彩编织10行。
2. 改变颜色并另织10行。
3. 从第10行（另一种颜色的第1行）挑起并且将其随意置于某织针上。
4. 改变纱线颜色并再织10行。以不同的颜色重复，当需要的时候挑起线圈。

衍生织物包括：使用单色纱线挑圈编织，有规律地挑起线圈使形成图案，或挑起一整行的线圈以形成水平方向的条纹。利用以下工艺进行试验：

1. 在挑圈编织与编织扩张花型效果的织针之间进行编织。
2. 通过提起较少的线圈并将其拉出织物表面，来制造悬垂的效果。
3. 将精细规律的挑圈编织组织转化随机杂乱的拉针组织，重复这样的挑圈编织可以产生很多有意思的肌理效果。
4. 在织物上将提起的线圈与未提起的线圈的互换编织，可以产生一种蜂窝状效果。
5. 提起一组线圈向右重复织几行，再提起相同的一组线向左重复织几行，结果可以产生一种很有趣的人字纹褶皱效果。

绞花组织

绞花组织使通过交叉同行编织两组线圈形成的针织组织。从织针上移开两组线圈，需要两把移圈器；当线圈被移回针织时，形成交叉然后继续正常编织。尝试以不同的针数和行数进行绞花编织。

图3-38
高田贤三（KENZO），2017-2018秋冬男装。

图案针织物

学习如何编织针织图案将打开一系列新的可能性。诸如费尔岛织物和提花组织的图案都可以用图案卡设计并制成，比如用打孔卡片或者聚酯薄片，或者使用CAD。嵌花花纹略有一些不同——它们可以不需要打孔卡片而织出来；用于创造大型图案时，在一行当中会有许多色彩。通常会事先在意匠纸上画出所有图案设计，可通过在针织机上反复实验与调整新的色彩搭配来，找出最佳搭配效果。

能够制作你自己的图案卡片意味着你不受限于现有的设计；它也可以让你通过实验手段来改变现有图案。尝试不同线圈和色彩设计，如拉针组织、跳针编织和蕾丝网眼。可通过每行图案编织两行或锁定单行图案时，编织数行的方式来创造拉长的图案。

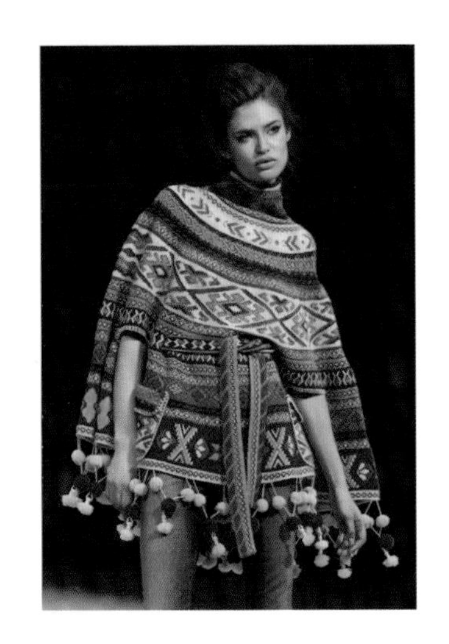

图3-39
亚历山大·麦昆（Alexander McQueen）设计的费尔岛针织服装，这是他2005年秋冬时装发布会的作品，发布会名为“擒凶记”。

可以通过将打孔卡片上选定的孔洞用胶带贴上；或者通过剪裁不同卡片，并把它们重新组合在一起的方式来改变设计。在编织每一行之前，可以手工选择编织图案的织针，将织针向前推出即可。针顶被用于将织针有序推出，比如1×1针顶，即每推一针隔一针。

费尔岛织物和提花组织

费尔岛编织以其传统的双色纹样而著名。织物的正面有图案；反面有纱线形成的浮线。当纱线未参与编织图案时，会以浮线的形式交替覆盖在不同颜色织物的背面。用两种纱线同时编织来形成打孔卡片上的图案。卡片反面成为织物的正面。卡片空白区域编织主色纱线；卡片打孔区域编织配色纱线。

传统的费尔岛织物是以细窄的边界和频繁的色彩变换来分割图案。完整的费尔岛设计是一种连贯重复的图案，没有明显的起点和终点；这些图案与多种颜色很好地结合。费尔岛图案可以用清晰地边界线与大胆的色彩做简单的设计。图案包含大量彩色和短浮线的闭合图形。这些图案适合同一颜色的色调和材质。

提花是一种双层针织物，利用打孔卡片和电子针织机来编织图案。每行最多可运用四种颜色。这种技术使得浮线织在织物背面，创造出可以反做正用的织物。

打孔卡片

打孔卡片提供了一种快速选择织针的方法，但是重复的图案需要在编织前在纸上画出。可以先手绘一张大致的草图，然后将排列织针的方案画在方格纸上。

设定循环的针数，该循环针数会受到打孔卡片长度的限制。24针的宽度经常用于标准规格的针织机，30针的宽度适于细针型针织机。如果使用粗针型针织机，通常使用12针的宽度。

可以通过大量方法进行循环设计，来形成一个整体的图案，比如对称型图形、不对称型图形或者重复图案制作步骤。循环的图案数应当与针的宽度一致，比如说，如果你用标准规格针织机，图形宽度应当是可以使针数被均分为24——也就是图案可以是2，3，4，6，8或者12针的宽度。

循环图案的长度可以是你设计的编织行数；但是这个长度也必须是打孔卡片所允许的长度，或者当卡片联结在一起时，可以稍长一些。在填入整体设计前，先画出循环图案。在意匠纸中间画出循环图案所需要的针数，然后填满周围的区域，同时确保循环图案和填充部分相匹配。这会使你对整体图案效果有个大致的概念。曲线部分需要事先按步骤画在意匠纸上，这可能会使设计产生轻微的变化，但这一变化可以在织物编织完成后被修正

一旦你画出了设计稿，意匠纸的模板可以被转到打孔卡片或者聚酯薄片上。使用聚酯薄片的电子针织机比使用打孔卡片的标准针织机更加具有灵活性；它们可以制作出更大的图形和循环图案。

意匠纸

在一块织物上行数总是多于列数，它可以使卡片上的图案有一种看起来被拉长的感觉。有适合编织者的特殊卡片，它的格子更短，使你能够知道完整的设计看起来是怎样的。

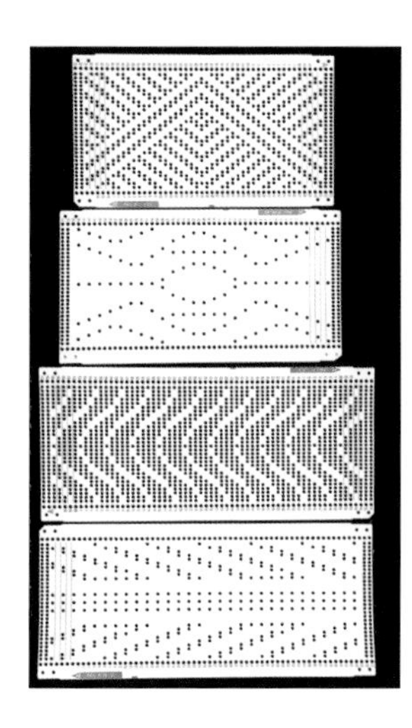

图3-40
一系列带有花型图案的打孔卡片。

图3-41、图3-42
图片展示了由针织电脑横机CAD设计系统设计，由斯托尔（Stoll）5针电脑横机编织的针织花型。
学院派民族风格的提花和凯尔特花型的费尔岛针织品，由索菲·斯特勒（Sophie Steller）设计。

工作营

使用打孔卡片

打孔卡片在针床上的位置非常重要。这是通过针织机的类型和规格来决定的（规格，粗针型或细针型）。当卡片置于针织机当中它会自动一次移动一行。卡片可以通过塑料卡扣首尾相连，这样可以画出连续的图案。

1. 在一台标准规格的兄弟牌（Brother）针织机上，要在七行以下开始编织图案。在标准规格的针织大师牌（Knitmaster）针织机上可以在一行以下开始编织图案。
2. 机头从左边开始。插入卡片并锁定。在机头上，将按钮设为KC（编织卡）。
3. 在兄弟牌针织机的纱嘴A或者是在大师牌针织机的纱嘴1上穿好主纱。
4. 向右编织。将卡片从锁定状态释放。
5. 选择三角按钮，拉针按钮对应拉针编织；局编／跳针按钮对应跳针编织；花色编织／MC按钮对应费尔岛花型（在针织大师牌针织机上为T，S和F）。在兄弟牌针织机上的纱嘴B上或者是针织大师牌针织机上的纱嘴2上穿第二种色彩的线。编织衬垫组织，可选择平针编织或者不按下任何按钮，并将衬垫刷置于WT。
6. 将行数计数器归零，接着编织。
7. 你可以通过打孔卡片来研究图案、肌理和颜色的组合。一旦你拥有了信心，你就可以尝试更多复杂的循环图案。尝试以不同程度的对比色做实验，如通过逐渐改变色彩色调的方式，或者通过对比色创造出冲撞感。
8. 尝试用平针编织来打破这种花型模式，暂时让打孔卡片停止工作，编织条纹或蕾丝组织，然后继续使用卡片编织重新开始工作。

访谈

索菲·斯特勒（Sophie Steller），索菲·斯特勒工作室的设计师和主任

索菲·斯特勒在纱线、色彩和趋势研究领域拥有超过20年的从业经验，擅长针织服装设计的各个方面，并向全球时尚产业销售一次性样品设计。

什么是样品？

对于针织服装而言，样品是一种一次性的原创针织样品，这种样品用于出售给B2B（企业与企业之间通过电子商务方式进行交易的）客户，用于激发灵感或投入生产。它可以是采取针法、花型、条纹、印花等任何形式的方形织物小样，或是拥有细节的迷你服装样衣等。

对你而言，一天通常如何安排？

由于我们的业务涉及多方面的工作，所以我们的工作日程是可以随时更改的，实际上并没有特定的一天。但我每天的大部分时间都花在发电子邮件、与客户沟通、跟进工厂和纺纱厂的对接工作中。同时，不断与团队沟通，回顾设计和项目。我也需要做我自己的研究工作，这些工作由设计和趋势工作构成。但是这往往是我在完成所有的事务性工作，为其扫清道路之后。

你如何开展设计？是由纱线来决定，还是由技术构成来决定？

这取决于项目的内容。我的一些客户是纺纱厂，所以纱线是设计的主导，但通常我们会先画草图和计划我们的设计，安排好我们的设想，然后把纱线加入设计中，找到最适合的纱线，使其在设计中发挥出最大的作用。然后，如果纱线不合适，我们就需要重新考虑之前的设想。

调研在设计过程中有多重要？你从哪里获得灵感？

我所有的要素以及设计都来自调研和趋势分析。灵感来自任何地方，杂志、社交媒体（如Instagram和Pinterest）、展览、电影、趋势网站、贸易展会、加盟店，商场、市场。我永远不会停止调研和观察，因为设计的过程无始无终，它只是一个不断演进的过程。

你工作时使用项目概要吗？

是的，通常都使用，除非客户有非常具体的想法，或者我们自己创作了一个项目概要，这样我就有了工作需要的大纲。但是我更需要把目标集中在一个项目上，使它成功和高效。

你在哪里出售你的针织样品？

我在贸易展览会上通过销售人员和代理商进行销售。我们的样品在全球范围内销售，主要集中在欧洲和美国。

销售数据等因素会影响您的设计决策吗?

是的，在样品系列中，我要密切关注销售情况，并根据流行趋势进行补充或调整，这样我才能根据市场需求使销售最大化。

你是为特定客户做设计吗? 什么样的顾客会穿你设计的衣服?

我努力使我的设计趋势适应不同的客户，所以我可以覆盖尽可能广泛的客户群。针织服装设计可以适应大多市场的需求，所以它可以适用于男性、女性和儿童。我的设计以色彩和流行而闻名，所以我的设计手稿很前卫、很年轻，在休闲服装市场很受欢迎。并且，现在我有了斯托尔和岛精的电脑横机，能够创造更多样的针织面料，因此可以满足更多的客户。这意味着我现在也在为更现代、更考究的服装市场做设计。这也是针织服装的美丽所在，它是通用型的设计类别。

你最喜欢这份工作的哪个方面?

我喜欢和色彩打交道，制作色彩板和构思新的想法和趋势，绝对是工作中最有趣和最具创意的部分。开始一个新概念或新趋势时总是令人兴奋的，不管我工作了多少年，这个过程总是让人激动不已，因为每次都是一次崭新的开始。我也喜欢与我的团队以及年轻设计师一起工作，看看他们能想出什么。与有才华的设计师一起工作，并看到他们的观点，这是多么令人耳目一新啊！虽然我设定了主题方向和趋势，但是看着我的团队去实现它并提出他们自己的想法，这也是一种乐趣，并且也是他们的设计之旅中鼓舞人心的部分。

你能给立志于针织品设计的设计师什么建议?

不要害怕尝试，无论是冒险，还是色彩实验；学习尽可能多的工艺；不断地重新评估你正在做的事情。努力工作，尽你所能，从工作、导师或你身边的机会中学习，即使他们的报酬不是最高的，因为没有什么比经验更能帮助你。要敏锐、热情，并准备好努力付出，甚至是超出日常要求的付出。这是一个竞争激烈的行业，但努力工作、热情和积累经验会让你走得很远。

图3-43
索菲·斯特勒（Sophie Steller），工作室的针织车间。

图3-44
以沙漠做灵感的织物，混合了部落元素和分层编织的粗糙纱线。

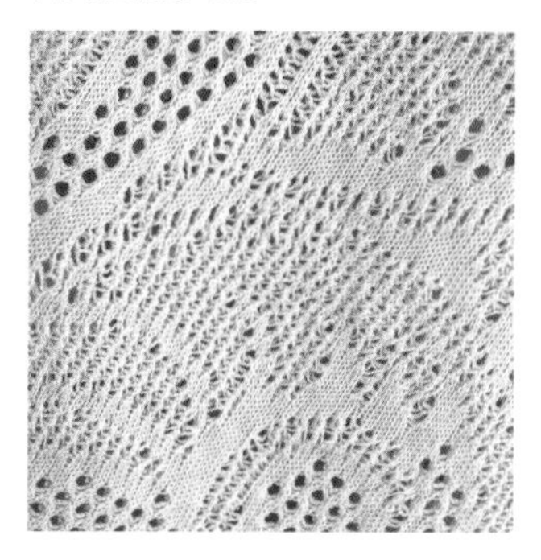

图3-45
用网眼组织编织出带有网眼和孔洞的图案花型，采用12针岛精电脑横机制作而成。

图3-46
自有混合不同的钩针工艺和色彩，呈现一种现代感的传统工艺。

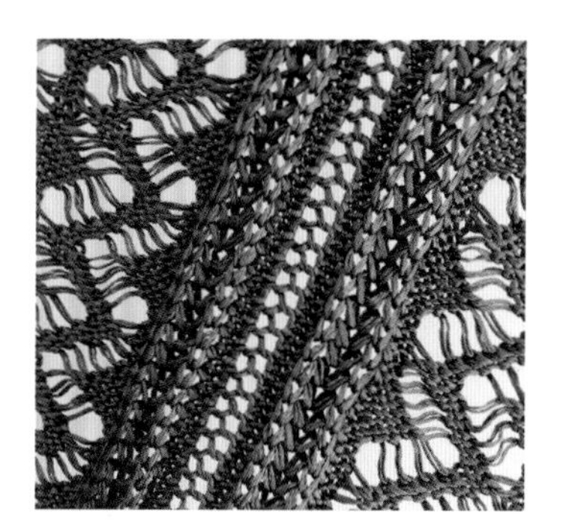

图3-47
采用新型带子纱编织网眼和空针花型，用斯托尔（Stoll）电脑横机编织制作而成。

图3-48
以葱郁的植物为灵感源，装纸材料、衬垫组织和流苏边饰的组合运用。

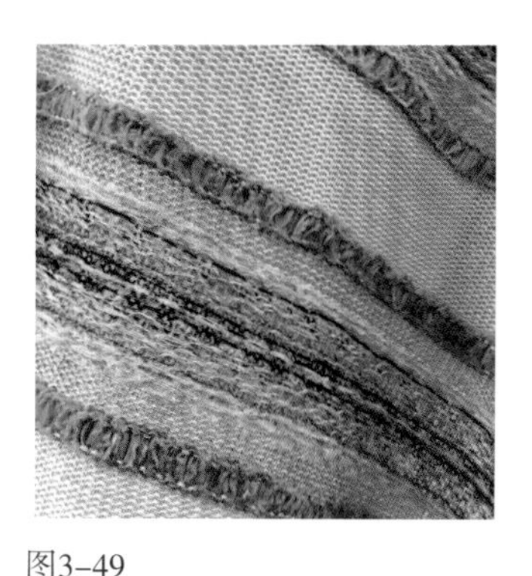

图3-49
使用多种纱线在纬平针组织反面制作不同规格和肌理的横条。

图3-44 ~ 图3-49
索菲·斯特勒设计的一系列样品，通过家用手摇横机、斯托尔和岛精电脑横机，展示了多种多样的编织技术。

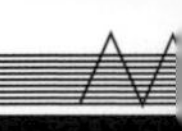

电子针织机花型

家用卡片针织机从早期的“按钮式”针织机演化而来。当今的电脑横机具有支持输入的内置程序功能，并在花型上提供了广阔的空间。聚酯薄片可以用于制作比家用卡片针织机更大的循环图案；这些图案可以循环、翻转、上下镜像、左右镜像、在长度上延长或者在宽度上加宽。

新的电子针织机的模型，从兄弟牌针织机950i和965i以后，都与Windows的DesignaKnit（一个针织的CAD／CAM程序）相兼容。该程序涵盖了服装图案绘制和针型转换设计，并且它包含了一个图形工作室，用于交互编织，以及处理图形文件、照片和扫描的图片。该程序也可以用于制作打孔卡片和聚酯薄片的模板，还有手动针织机及手工织使用的表格。设计者可以用色彩、符号或者二者兼用来画出针型图案，并且软件里还提供了一系列具有肌理感的线圈类型，给设计者展示更真实的成品效果。

工业针织机花型

手动工业针织机的功能相当多，为编织花型提供了更大的可能性。他们通过组合长、短锺针选针与拉针三角、跳针三角装置来构成一个特殊的花型系统。根据三角装置的位置，所有的织针可以正常编织；或在短锺针做拉针时，长锺针正常编织。同样的程序也适用于跳针编织。尽管高低位置不能在编织中途互相转换，但是在每行之间可以变化图案，可以在编织途中更换纱线颜色。长、短锺针只能放置在前针床，留下一侧针床编织平针，而在另一侧针床编织波纹和条纹。这种针织机还具有添纱装置；这种装置可以让一种纱线在编织罗纹组织时隐形；当织针处于不工作状态或者编织衬垫组织时，这些针织机可以被用来创造奇特的效果。

当今的现代工业针织机，如岛精和斯托尔电脑横机，是全自动的。通过电子系统控制选针，来编织彩色和具有肌理的花型，并且为针织服装塑形。岛精电脑横机的 SDS-ONE设计系统是基于Windows系统，使用三个程序来进行编织：一个针对纸样制图，从纸样转化成服装廓型（pgm）的过程中绘制具体的尺寸。另一种是针对绘图或扫描织物表面图案的设计，比如提花组织（印花）。第三种是针对针织组织花型的设计，即指导针织组织的制作，如拉针组织，还有服装的造型信息（针织印花）。这个程序包提供了织物穿着在身上的可视化效果，也可以列举各种各样的色彩设计方案并被用于纱线设计。

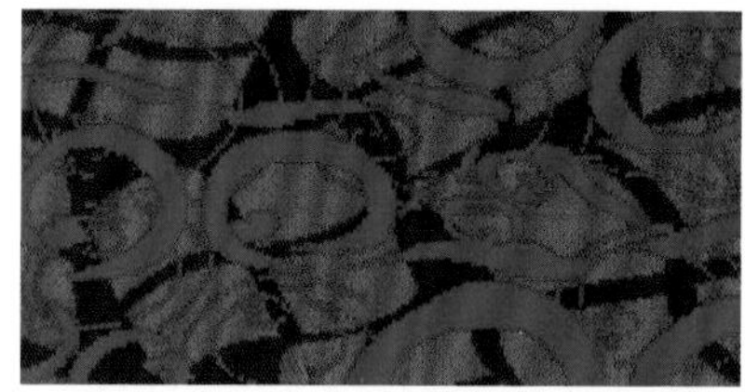

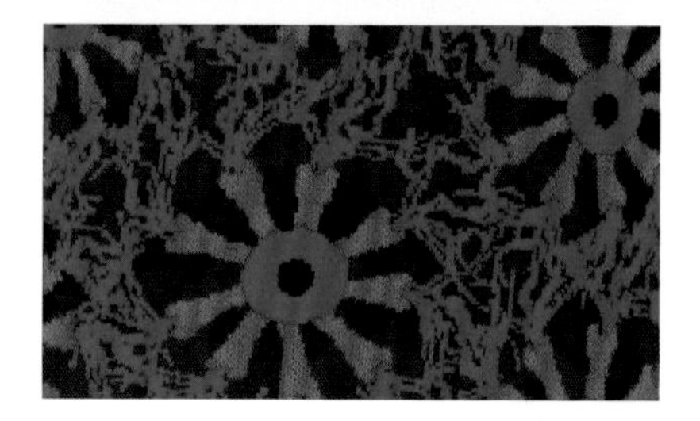

图3-50、图3-51
一系列设计，使用了日本岛精针织设计系统。

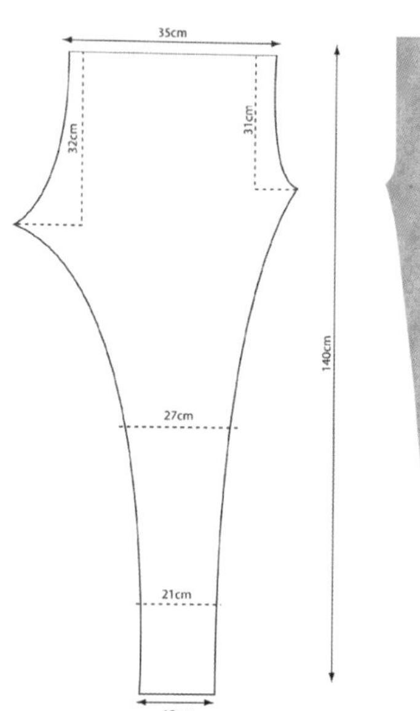

图3-52
从左至右：尺寸规格说明、针织印花图和编程图片。

工作营

嵌花工艺

1. 每团纱线编织图案中的一个色彩区域，并将纱线放置于针织机前的地上。
2. 带嵌花装置的机头，能使每种纱线在各自的织针上完成编织。
3. 重复上述步骤，手工将纱线按每排所需的顺序放回织针上，像之前一样从织针下方穿过。
4. 用机头编织一行，然后继续。
5. 当你在设计你的嵌花图案时，绘制草图然后将它誊写到意匠纸上，一个格子代表一针。

嵌花

嵌花是一种应用于无浮线的色彩图案的工艺，每种颜色的纱线都被独立编织，并形成各自的形状。多个颜色可以被编织在同一行，因为没有浮线，可以编织大而醒目的图案。更精密的针织机会带有特殊的嵌花机头。总是从嵌花位置的织针开始：针舌打开，织针向前1厘米（2／5英寸），这种效果通常可通过滑动空机头来实现。

图3–53～图3–55
汉娜·泰勒（Hannah Taylor）的嵌花设计作品。

造型建构 4

在第四章，针织小样将会被转化成立体的衣片。本章中我们会介绍多种造型方法，例如立体裁剪和在人台上造型来获得服装廓型。练习部分会向你展示如何通过纸样（纸样裁剪）来设计造型以及如何将这些廓型转化成针织纸样。你将通过制作大身基础版以及袖子的纸样，以及针织针数与行数的详细介绍来获得相关指导。在最后的小节中，将详尽介绍如何直接通过针织机创造立体效果，如荷叶边、喇叭形织片。

时装与人体密不可分，它不仅仅是一种外形，更是一种律动的状态。

——侯赛因·卡拉扬（Hussein Chalayan）

图4-1
耶玛·斯凯（Jemma Skyes）为环保品牌巴勒特高级时装（Buther Couture）设计制作的伊丽莎白式晚礼服，采用有机羊毛手工编织而成。

局部编织：立体效果

通过局部编织可以实现各种立体效果：织物肌理、雕塑表面、新颖的廓型、楔形的色块、扇形的裙片、肩部的斜线，以及一些有趣的边缘，如环形和扇形的效果。

我们用休止三角来控制织针的工作，针床上的织针通过三角滑架来人为控制，一组织针可以同时被推到休止位置，或者被依次推起，这种技术可以让机头通过被推起的针，却不编织，而当这些织针恢复工作位时，又会参与正常的编织。另外，那些不在休止位的织针则一直在不停地编织，行数（长度）不断增加。随着织物的编织，需要不停地向上移动挂在织物上的重锤，这是非常重要的。

局部编织花型

基于对角线和水平线的局部编织，可以改变单行内的线圈大小或纱线颜色，你可以通过逐步休针来编织出阶梯形。在休止编织的两部分之间会出现一排孔眼，这可以增强设计感。当然，也可以避免这排孔眼的出现，需要在每次机头穿过编织区域与休止区域交接的织针之前，将待编织的纱线绕到休止区域的第一根织针下方。

图4-2
娜塔莉·奥斯本（Natalie Osborne）设计的织片运用了局部编织工艺。

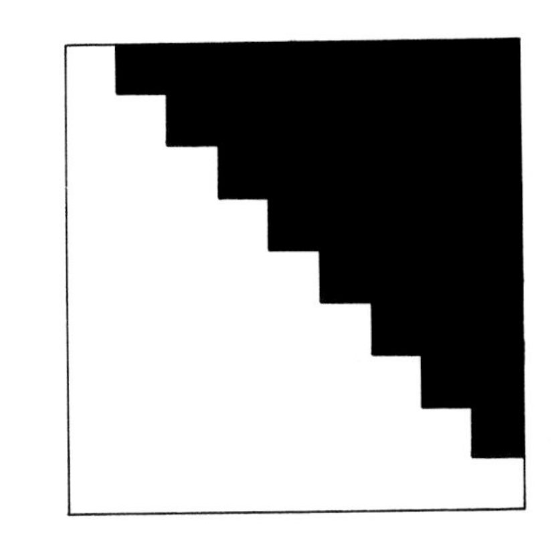

图4-3
用图表表示双色楔形图案的休止编织。

图4-4
朱莉安娜·西森斯（Juliana Sissons）的设计采用不同克重的纱线进行休止编织。

工作营

楔形休止编织

1. 局部编织通常在机头即将进入休止区域前开始。用第一个颜色起底编织约60针。
2. 编织几行平针，机头停在左边。
3. 将休止三角设定为休止状态，将右端的第一针推到休止位置，织一行，将休止织针下方的线挑起，再织一行；接着将右端的第二针推到休止位置，织一行。同样将休止针下的线挑起，再织一行。重复以上过程，一直到只剩下一根织针处于工作位，将这一针也推到休止位置。
4. 从纱嘴抽出纱线，让空机头停在另一边。（机头需要停在第一根休止针的针床一侧）
5. 带入第二种颜色的纱线，接下来的部分要通过让休止针回到工作位置来编织，用移圈器将第一针置于工作状态，织两行，再将旁边第二针恢复到编织状态，织两行。重复以上过程，直到只剩一根织针还在休止状态，将这一根织针也恢复至工作状态。

注意：

当织针逐步置于休止状态时，如果在每次编织时没有将待编织的纱线放在休止的织针下边，将会形成一条楔形排列的镂空网眼。

为了能够编织不同程度的倾角，可以尝试一次休止两针或更多针，也可以尝试每次休止后编织更多的行数；还可以尝试用更多的颜色的纱线编织条纹，来突出休止编织的图案效果。

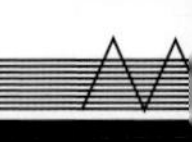

立体效果

可以通过在不同的时间把不同组的织针放在休织位，来编织织物的不同部分。这种方法可以在编织中变换线圈大小，颜色等。

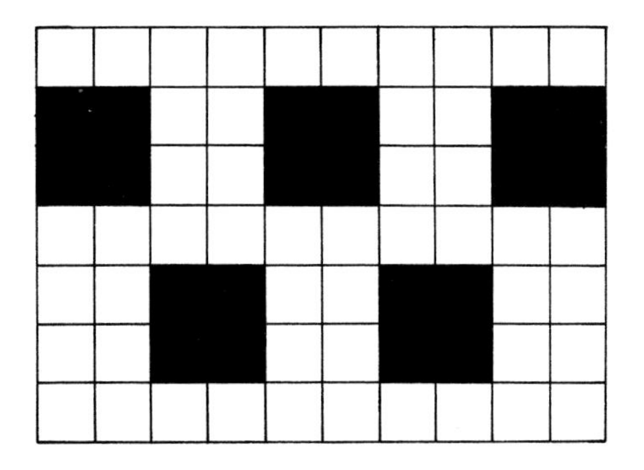

图4-5
这个意匠图展示了通过把成组织针置于休止状态，来编织形成浮雕花型的针织物。处于工作状态下的织针进行独立编织，同时其他织针处于休止位置。随着其他工作位的织针完成编织工作，休止位置的织针可以变为工作状态。

工作营

编织浮雕花型

1. 让休止的织针同时或逐渐再返回到工作位进行编织，反复编织这一花型就会产生立体效果或凹凸表面。
2. 织物可分为两部分编织，在中间形成垂直的开口，如有需要可以在后期缝合，也可以保留作其他用途，比如扣眼。
3. 将左边的织针置于休止位，右边编织30行；再将右边的织针全部休止，左边织30行；然后，再将所有织针置于工作状态，编织30行。当一边处于休止状态，另一边不停地编织，则会形成有趣的圈状凸起效果。如果织针小面积工作、休止交替进行，织物表面就会形成类似毛巾的效果，为设计带来新的灵感。休止越久，凸起效果越明显。

图4-6 ~ 图4-9
维多利亚・希尔（Victoria Hill）设计的立体效果样片。

创造喇叭形效果

机织服装中荷叶边、喇叭形的变化，通常是通过插入三角形的插片实现的。在针织服装中，这些三角形的插片可以按要求的长度和宽度横向编织出来。荷叶边的编织也和喇叭形一样简单，都可以用局部编织的技术来实现。

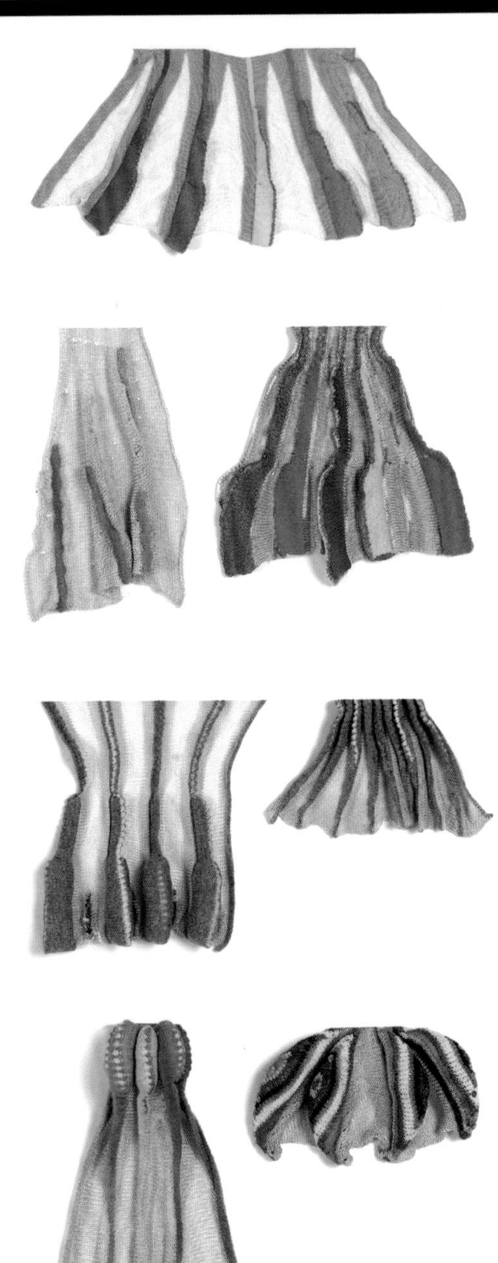

图4-10

雪莱·福克斯（Shelley Fox）2000年秋冬设计的羊毛毡荷叶边上衣。

图4-11～图4-14

Natalie Osborne 用局部编织技术设计的扇形织片。

工作营

编织荷叶边

1. 要在织片的左边缘形成荷叶边，则要将机头停在右边，带入纱线按要求的针数起底，织21行纬平针，结束时机头停在左边。
2. 将休止三角调至休止状态，除了在左边留20针用于荷叶边需要的宽度编织，还要将右手边其余织针都推至休止位置。
3. 编织两行，将右手边的第一针推到休止位置，织两行，再将右边第二针推到休止位置，织两行。重复以上过程，直到只剩一根织针处于工作位，再将其推至休止位置。
4. 将休止三角调至正常工作位，织两行，机头停在左边。
5. 重复步骤3和步骤4便形成了三角插片，孔眼勾勒出三角的形状。
6. 将休止三角调至正常编织状态，织两行，机头停在左边。
7. 重复整个过程，直到你织片的左边织出足够长的荷叶边。

尝试以改变编织的针数和行数的方式，来实践不同长度和宽度的扇形插片。

同样的方法也可以织造出奇妙的螺旋式荷叶边，不断编织扇形的长边（增加行数），使之成为圆环状，继续编织，就形成了螺旋式荷叶边。

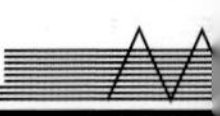

喇叭裙

喇叭裙可以用前面提到的荷叶边的编织方法，编织成完整的一片。例如，要编织一条腰围为66厘米的裙子，需要按需要分6片编织，每片腰围处的尺寸是11厘米。

1. 通过密度小样，计算出11厘米长度对应的行数。
2. 同样通过密度小样，求得裙长的针数并起针，裙子的长度会受到针床宽度的限制。记住你是横向编织裙片，编织5.5厘米对应的行数（半片的宽度）。
3. 将休止三角调至休止位置，加入等裙长的三角片，三角片的宽度取决于每次休止的针数和每次休止之间编织的行数。例如，每休止1针织2行比每休止5针织2行织出的三角要宽；而每次休止之间编织5行也比织2行织出的三角要宽。
4. 将休止三角调至正常编织的位置，编织裙片的另一半。同样编织5.5厘米对应的行数，这样就完成了一块完整的裙子插片。
5. 再重复以上过程5次，腰围的边缘宽度达66厘米，下摆也形成了喇叭形。

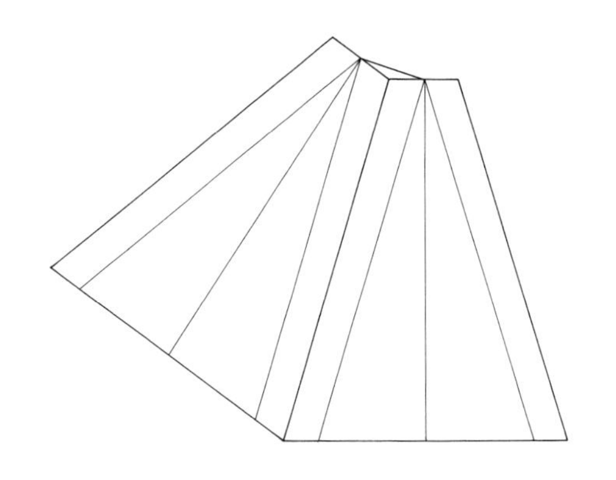

图4–15
展示了两块裙子插片的平面图。

加针与减针

用移圈器单独移动一针或同时移动几针，可以增加或减少正在编织的针数。可以用加减针的方法改变衣片的外边缘，也可以用于形成针织服装大身上的省道。

用加减针成型的方式，包括在针织物边缘整组地移动织针。当减针或收针时，将这组针中最靠里的一针移动到与其相邻的织针上，然后逐一移动一组织针，织片的边缘就少了一针。一定要将这一针推至不工作位，以免参与下一行的编织。当然，一组针也可以同时移动两针或三针的距离，边缘也相应减少两针或三针。在织物的边缘重复此过程，就在线圈纵列形成了光边，这也正是成型服装整洁边缘的特点。

当需要通过加针使织物变宽，同时移动一组织针来产生一针空针，使织物留下孔洞，这种方法可以使加针的织物边缘产生一连串的孔洞。可以留作装饰，也可以挑起上一行的线圈挂在空针上，补上孔洞。要同时加一针以上时，要将增加的织针推至工作位置，采用普通的e形绕线起针法。

移针也可以产生挑孔的装饰效果。移动一针到邻近的织针上，或者移动到织物边缘外的空针上，下一行正常编织就会产生孔洞。

注意：如果空针被置于不工作状态，就会形成空针编织效果。

在双针床针织机上，可以使用翻针器将线圈从一边针床移至另一边，织物两面都产生孔洞，这种工具使针床之间移圈变得更加方便。

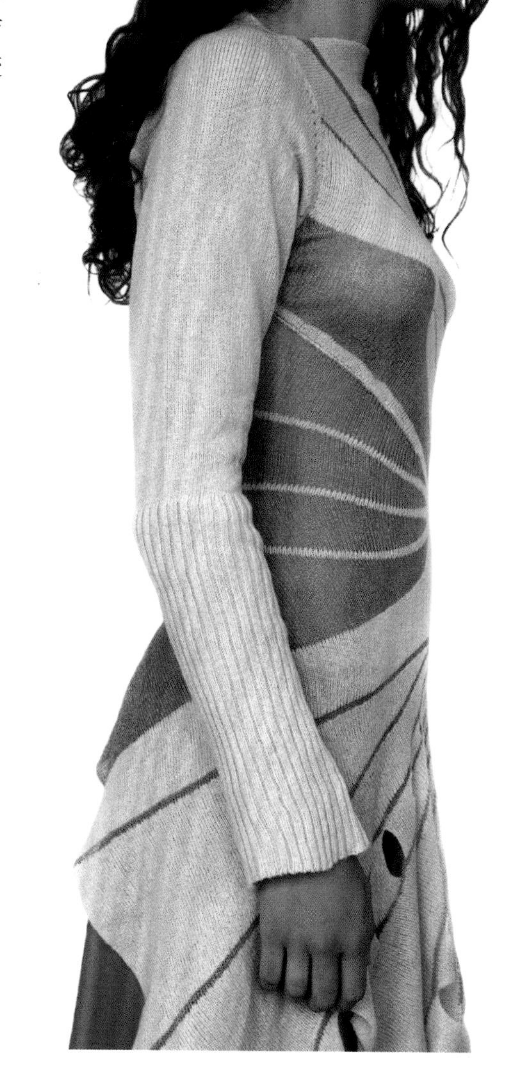

图4–17
茱莉亚娜· 席泽思（Juliana Sissons）设计的不对称长裙，运用局部编织与成型编织技术。

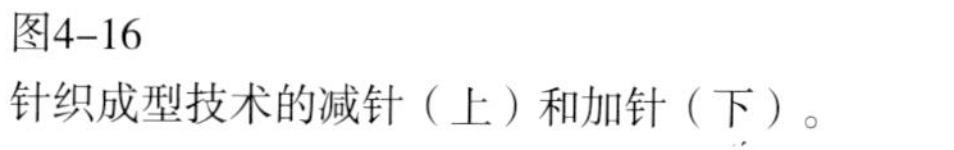

图4–16
针织成型技术的减针（上）和加针（下）。

减针休止编织（斜肩编织）

肩部或其他斜线可以用休止编织方式来实现。将休止三角置于休止位置，依次进行收针。机头应该停在收肩的一边。织针被依次置于休止位置，从肩线最外侧的织针开始（如每两行收两针，直到收针完成）。每边肩线可以分别以常规方式收针。

工作营

编织垂直省道

垂直省道在服装中很常见，如领口附近、半裙的腰部。

1. 按规定针数起针，并编织数行。
2. 将正中间一针的线圈移到左边一针上，使正中间这一针成为空针。
3. 用移圈器将空针右边的三针向左移一针，重复此动作，直至右边的针都向左移动了一针，将最右边成为空针的织针推至不工作位。
4. 每编织四或五行重复一次，直到收完要求的针数。在衣片中可以同时进行一条以上的收省，经常用到可调节的多头移圈器或导针器。

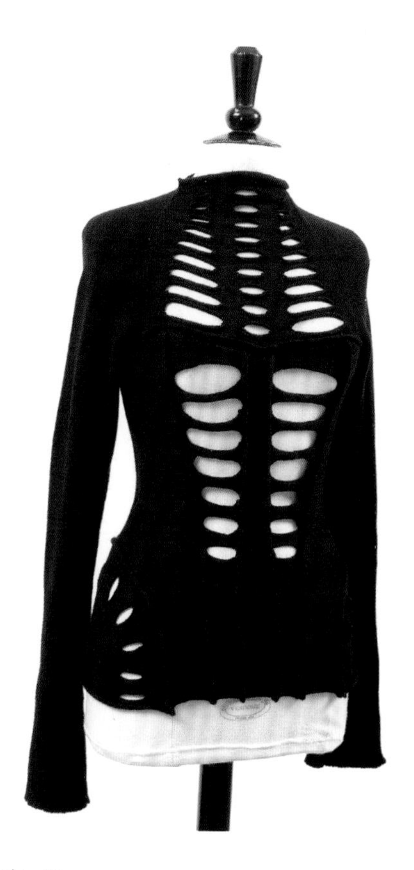

图4-18
茱莉安娜·席泽思设计的针织衫，大身用全成型的方式完成了收省、凸条、开口的细节。用休止编的技术实现了衣片的长短的变化和半圆形的臀部织片。

工作营

编织水平省道

1. 按规定针数起针，并编织数行。将机头停在右边。
2. 将休止三角调至休止位置，将左边的两针先推至休止位置，织两行，依次再推两针，织两行，重复这一步，直到休止20针，将机头停在右边。
3. 将休止三角调至正常工作状态，省道的长和宽取决于休止的针数和休止时编织的行数。

访谈

凯瑟琳·马夫里迪斯（Katherine Mavridis），品牌拉夫·劳伦（Ralph Lauren）的针织服装设计师

2015年，凯瑟琳·马夫里迪斯（Katherine Mavridis）从纽约帕森斯设计学院毕业。她的毕业设计系列被纽约多佛街市场（Dover Street Market）收购，现在她是拉夫·劳伦（Ralph Lauren）时装品牌的针织服装设计师。

你的设计背景是什么？你为什么想成为一名设计师？

我于2012年12月毕业于悉尼科技大学。我在这里主修针织服装。当我意识到，我才刚刚开始探索针织品的工艺，我需要继续完成我的硕士学位。毕业后不久，我就被纽约帕森斯设计学院的时装设计与社会硕士项目录取了。

我从来没有梦想过我会成为一名设计师，我猜我有点沉浸其中，因为我总是喜欢自己做衣服，改造和重新利用那些古旧的织片。针织品对我来说像是与生俱来的，因为我爱上了创造我自己的织物雕塑。

你的毕业设计作品给了你机会，以雕塑的方式来实现针织服装。你如何形容自己的代表作品？

在我的艺术硕士项目期间，我开发了一种技术，将绳索缠绕成无缝立体成型的雕塑服装。这些作品的构成源于我对针织服装的环形编织结构和成型编织技术的了解。

我将这些服装视为抽象的立体结构，它们可以与身体共存，也可以与身体分离。我专注于这种被遗忘了存在感的服装，当它们还没有发挥其主要功能——包裹身体，以及它们不被期待的功能——作为未使用过的悬挂物体，以没有生命的布的形式，等待着被身体填满。

通过这个启发的过程，我直接从拼贴开始分解主题，然后将材料重新语境化；把一个单一的实体转换成一种全新的形式。

由于这些作品都是手工制作的，每一件作品与下一件作品都有细微的差别；每一件都是独一无二的。

你的工作有什么新的方向，你的灵感是什么？

每一季，我的作品都会通过对形状和形式的偶然探索而被重新演绎。我从创作中找到灵感，尽管如此，我的确使用我的代表作品去探寻新的实践计划和立体造型。

我想纽约对我的影响主要是潜意识层面的。当我想到纽约的时候，我想到的是空间、立体结构以及数量庞大的物体在这个领域里移动的方式。我有一种强烈的简化需求——减少我周围元素的数量。

你现在是拉夫·劳伦时装品牌的设计师。为这个品牌工作与为自己的服装系列工作，在创造性上有什么不同？这些工作经验对于设计师的发展而言有什么帮助？

这种体验对我来说是完全不同的，这就是为什么我如此喜欢这种动态的状态。为这样一个历史悠久、经典的品牌工作真是让人大开眼界，能在一个成功运营了近50年的品牌里从事一份更有企业氛围的工作，真是太棒了。我正在学习如何设计出世界上最优质的奢侈品，这是一次奇妙的经历，也能够在我的职业生涯里一直推动我前进。

以两种截然相反的方式工作，确实有助于我反思自己的公司如何运作，以及我是如何让它成长的。这让我有时间完全从一项工作中脱离出来，进而专注于另一项工作，我发现这对保持设计师的平衡很有帮助。

如今的创意产业为设计师们提供了许多与造型、时尚、电影、音乐和纺织项目合作的机会。你和其他艺术家合作过吗？如果有的话，工作上的合作是如何提高你的创造力的？

我目前正在一个合作空间工作，这涉及以一种更艺术的方法来实现我的设计美学。我无法进一步详细谈论这点，但我很高兴我很快就有机会宣布这件事情了。

你能给刚进入时尚针织品设计行业的毕业生一些建议吗？

努力工作，当机会来临时不要错过它，相信你的直觉。不要随大流，要找到你自己的作为设计师提升自我的方法——作为新一代的设计师——重要的是我们要创新设计过程本身！

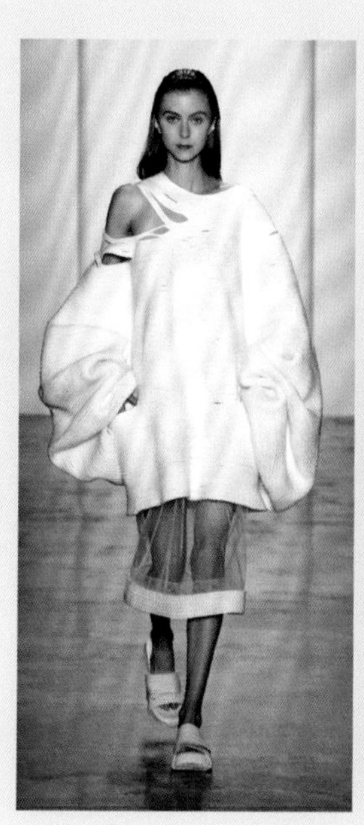

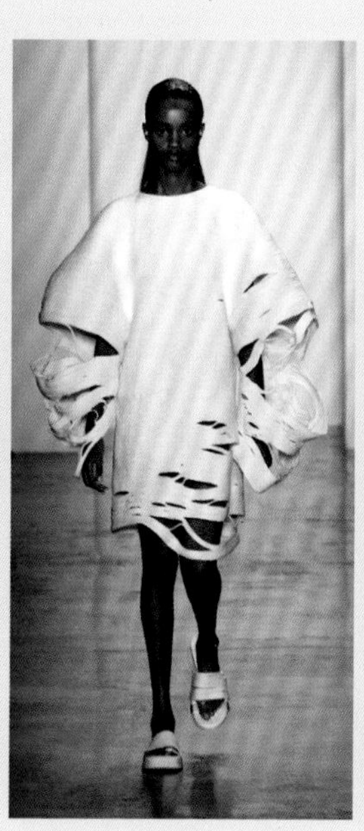

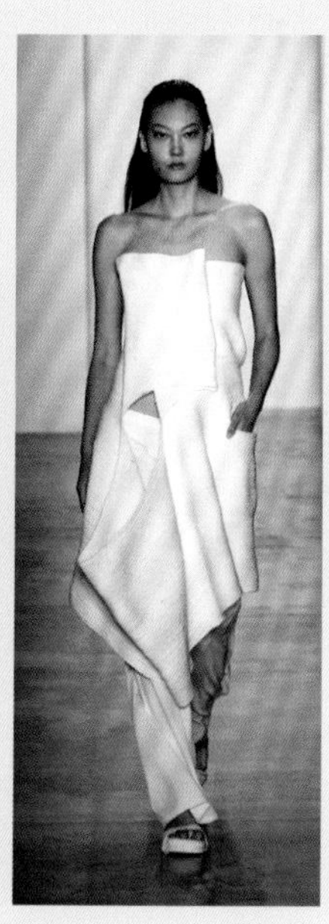

图4-19～图4-21 凯瑟琳·马夫里迪斯，作为时装设计与社会艺术硕士的毕业设计作品系列；服装展示将绳索缠绕成成型的、立体的、无缝的雕塑服装。

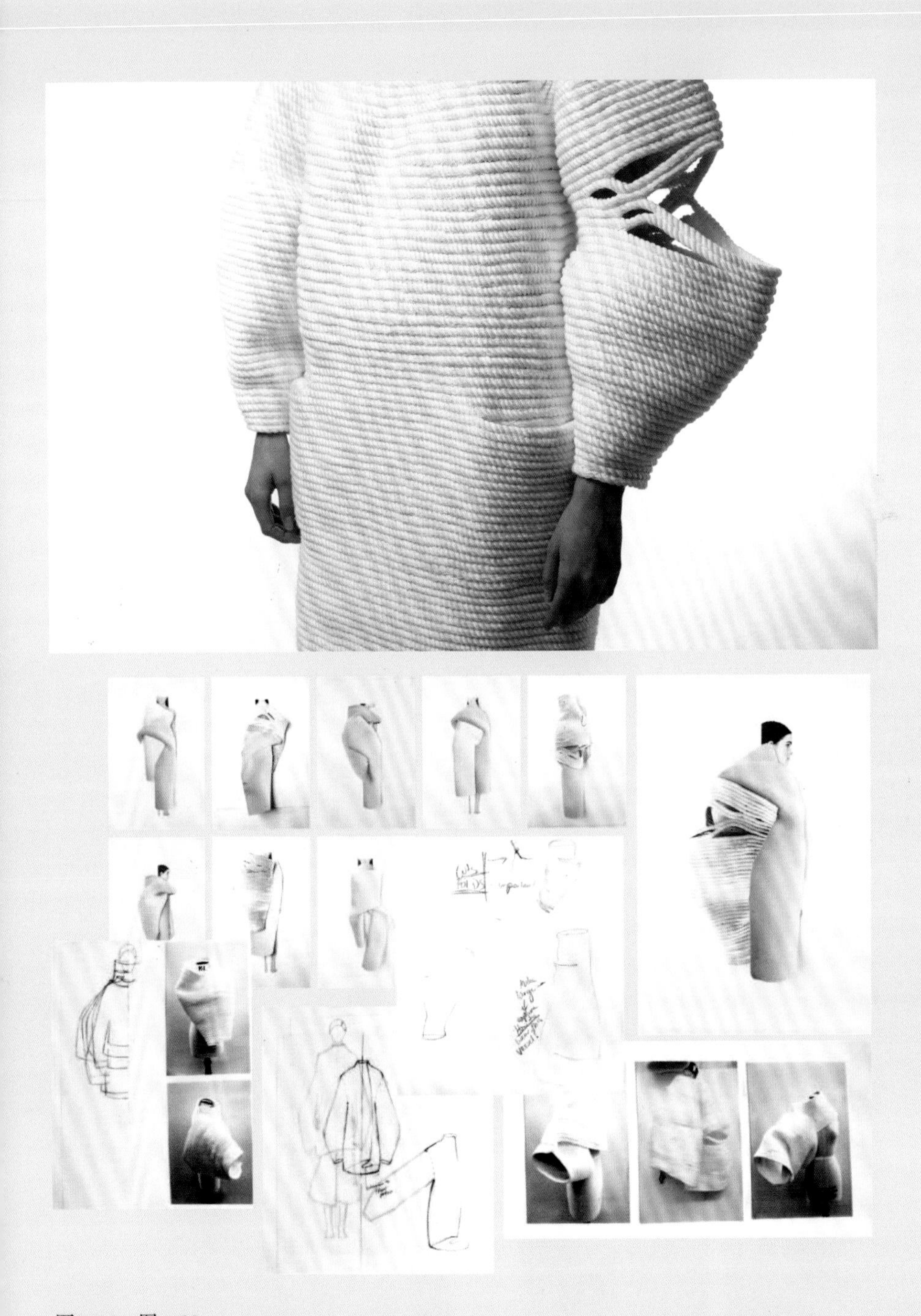

图4-22、图4-23
凯瑟琳·马夫里迪斯，作为时装设计与社会艺术硕士的毕业设计作品系列，服装上绳索缠绕工艺的特写照片以及设计过程的工作底稿。

立裁和制板

人台在制板过程中扮演着重要的角色，原型、纸样和织片都要适合人台或在人台上被检验过。原型可以不在纸上绘制，而直接在人台上制作，可以更直接地看到效果。平面裁剪通常是初学者优先选择的方法，但是，好的板型应该结合平面制板与立体裁剪，对两者的深入理解至关重要。

原型板

在平面纸样裁剪中，基础原型纸样首先要适合标准人体的尺寸，它是设计师设计新款式的基础，如活褶、收省、三角插片以及碎褶等，适用于多种变化，同时又保证这些变化，仍然能够保持基本的尺寸与合体度。

不同类型的服装需要专门的原型板。例如，无省的女上衣基础版和宽松上衣的基础板，都比合体的女上衣基础版舒适，比较适合夹克或外套的设计，而且更合适穿着。连衣裙的基础版则减少了松量，更适合贴身服装的设计。弹性面料与身体贴合度高，可以作为针织服装设计的基础。如何制作针织基础原型样板详见本书第114页。

针织板型

用于针织物的大身原型板不同于机织的原型版，由于针织面料的特性，它没有省道，比较合体，不需要留松量。不同的设计师和公司可以用原型板设计符合他们个性、风格的针织服装。

当原型板被延伸成为经过设计的纸样后，可根据针织纸样计算针织工艺。通过测量纸样上所有的水平和垂直尺寸，并使用针织物的密度小样，可以计算出纸样每部分的针数和行数。

针织样品和局部服装的试验可以用来测试不同于白坯布的针织物弹性，针织衣片很可能与白坯布不同，需要通过反复测试来进行调整，直至达到完全合适。关于如何制作针织纸样请看第114页。

针织坯布样衣

完成后的纸样通常会被制作成针织坯布样衣。在使用正式面料和转换成针织服装工艺样板之前，这个坯布样衣可以用来检验设计的线条、比例和合体度。当设计的初样完成，会展示给买手；如果拿到了订单，就要对样衣进行推码。英国标准协会颁布的号型标准对制造业推码、减码有指导意义。

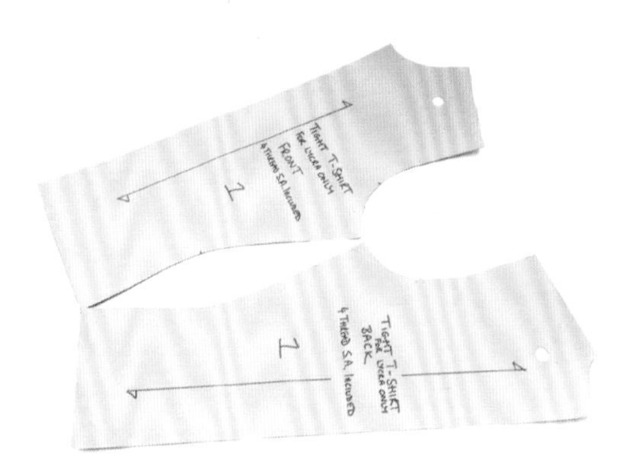

图4-24
大身基础样板纸板

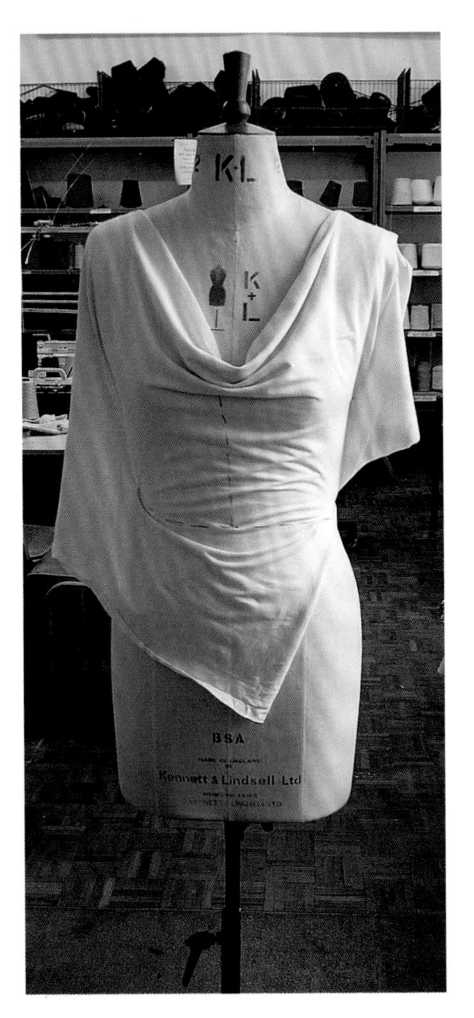

图4-25
针织的坯布可以用珠针钉在人台的特定位置上，制作出荡领的效果。

人台的使用

人台的使用为立体造型创造了更多自由变化的空间，流线型针织面料可以被珠针别在人台上的特定位置从而制造斗篷和垂褶。大块的针织织片被包裹在人台上，设计出有趣的肌理和缝线。然后使用针织坯布塑造负空间，来为遗失的部分创造纸样造型。

在做立裁的同时将辅助线标记好，为以后将立裁转换成纸板做铺垫。人台上所有水平和垂直的结构线都会被标在针织坯布上，如前后中线、侧缝线、胸围线、袖窿线、腰线、臀围线。所有省道、活褶、普利茨褶和折线，也都要依据对称点仔细标注，配合指示标注：A点对A′点，B点对B′点，这在复杂的垂摺设计中非常有效。

在人台上完成设计后，检查数据是否准确，所有的侧缝线、结构线无论是直线还是曲线，长度都要匹配，这个步骤很难仅仅通过在人台上用珠针造型来实现。

注意：只能用与最终面料同样重量与厚度的面料作为坯布。

人台的修正

可以通过填充来改变人台尺寸，这有助于适应不同顾客的体型，尤其是特体。小面积的不足可以用填充物来弥补，并用坯布固定。大面积的填充片则需要通过制板来完成。人台通过细小填充物的修正，逐渐达到要求的尺寸。胸部的厚度是分层填充的，用白坯布来固定填充物，这样坯样套在上面就会非常合适。

荡领

荡领是通过插入三角形产生的，类似三角插片。V型的领子可以在大身原型纸样上制作，远离领口线1～3厘米，再领中画展开线，随着纸样的旋转展开，三角形插入其中。这时纸样需要整理边缘线。加长的领口线将会形成立体的荡领。试用这种方式设计不同宽松度、深度的荡领，也可以直接用针织的坯布直接在人台上快速制作荡领的效果。

另外一种实现荡领的方法是横织竖用，需要采用局部编织的方法（请参见本书第92页）。先确定三角上边的宽和高（确定这块垂荡部分的大小和形状），然后计算纸样所需的长和宽对应的针数和行数。

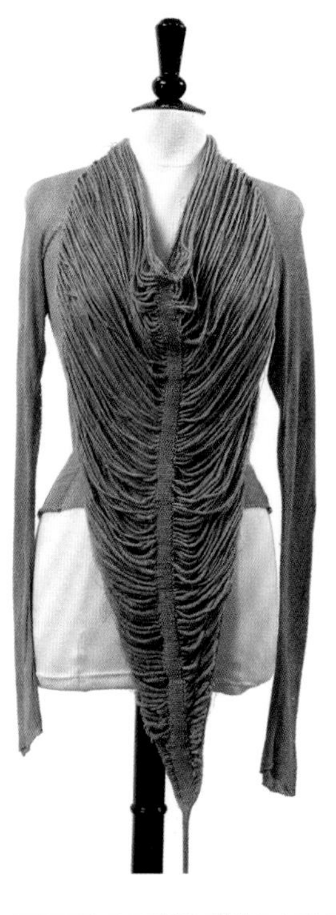

图4-26
茱莉安娜·席泽思设计的荡领运用了脱圈工艺，采用细亚麻线与柔软的弹力腈纶形成对比。

图4-27
纳塔利娅·皮尔彭卡（Natalia Pilpenka）设计的细羊毛编织的荡领。

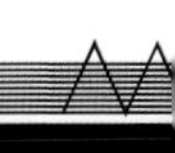

工作营

大身原型样板

通常我们只用半边的人台，除非设计不对称的款式才需要用到人台的两边。

1. 准备一块坯布，长度比背长（后颈点到腰线）长10厘米，宽度能够覆盖半个后背。
2. 用珠针将坯布沿布丝方向固定在后中线，领线上方和腰线下方各留5厘米。
3. 将坯布沿着背宽的方向抚至袖窿线，并在腋下固定（保持布丝的方向）。
4. 从后领中线开始，每次裁剪少许，并标示领口、肩线、袖窿的净缝线。
5. 如果使用带弹性的坯布，从后中线向外使面料在腰部的余量平服，标记侧缝和腰线，固定并减掉多余的量，留2厘米调整。如果用坯布保持丝道垂直，固定并标记侧缝，在有余量的地方从腰线开始固定并标记省道。
6. 与准备后片相同的方式准备前片坯布，用珠针将坯布沿布丝方向固定在前中线，领线上方和腰线下方各留5厘米。
7. 将坯布沿着胸线抚平，固定在腋下点，保持坯布的丝道笔直。
8. 沿着领围线、肩线固定，标记并剪掉多余的布料，匹配后肩线。如果是弹性坯布，从前中向外抚平肩部和袖窿的余量，固定并标记。如果是白坯布，保持丝道垂直，固定和标记从肩线指向胸点的省道，使袖窿平服，固定并标记。
9. 调整固定腋下的侧缝，如果是弹性面料，尽量将衣身余量向侧缝转移，避免产生腰省，固定标记侧缝线和腰线，剪掉多余不料，留2厘米调整。如果是白坯布，保持丝道垂直，固定和标记从腰线指向胸点的省，固定并标记从腰线，剪掉多余不料，留2厘米调整。

注意：这里提到的是公制单位，换算成英制：1厘米=0.39英寸。

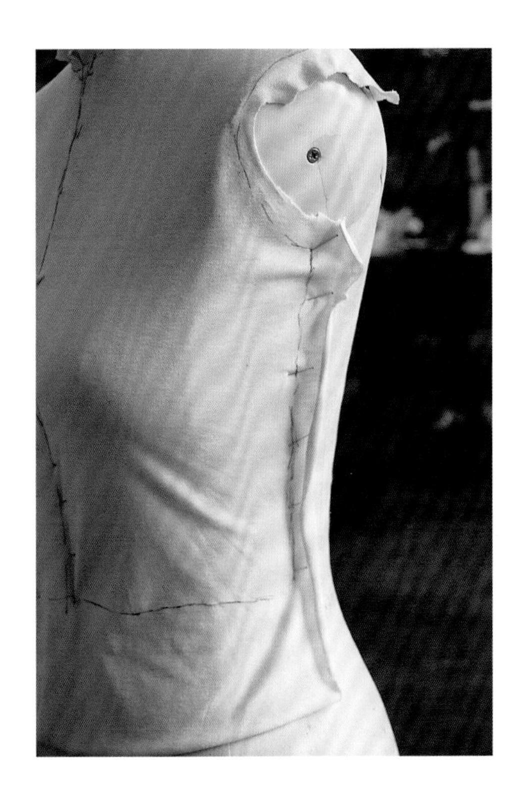

图4-28
套头衫的前中线被固定在人台上，肩部平滑，腋下固定，领口和袖窿根据人台进行了剪裁。

图4-29
一组针织物直接悬垂在人台上的图片，让针织物决定服装的形状，作者是安娜·玛丽亚·格鲁伯（Anna Maria Gruber）。

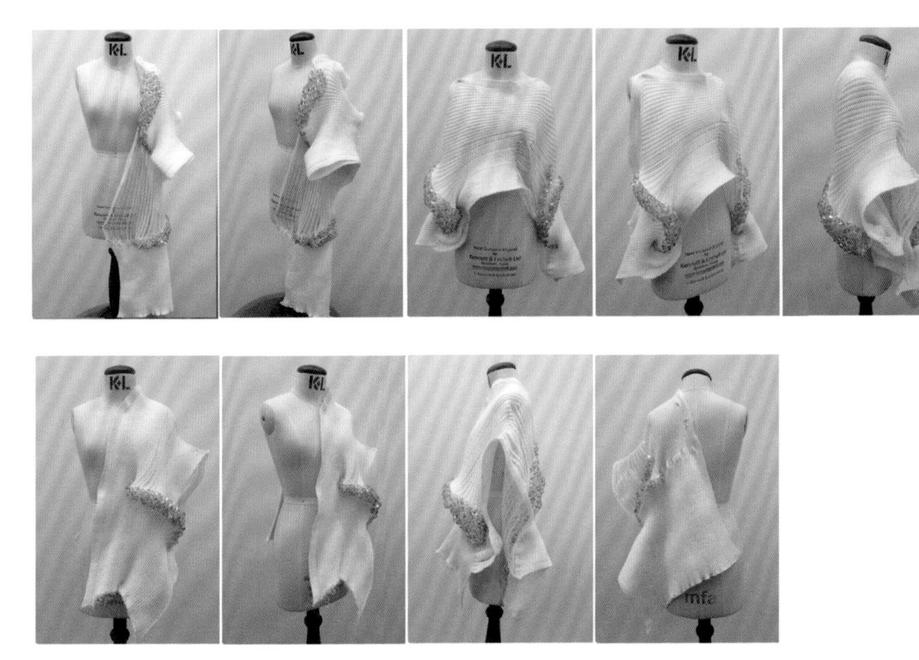

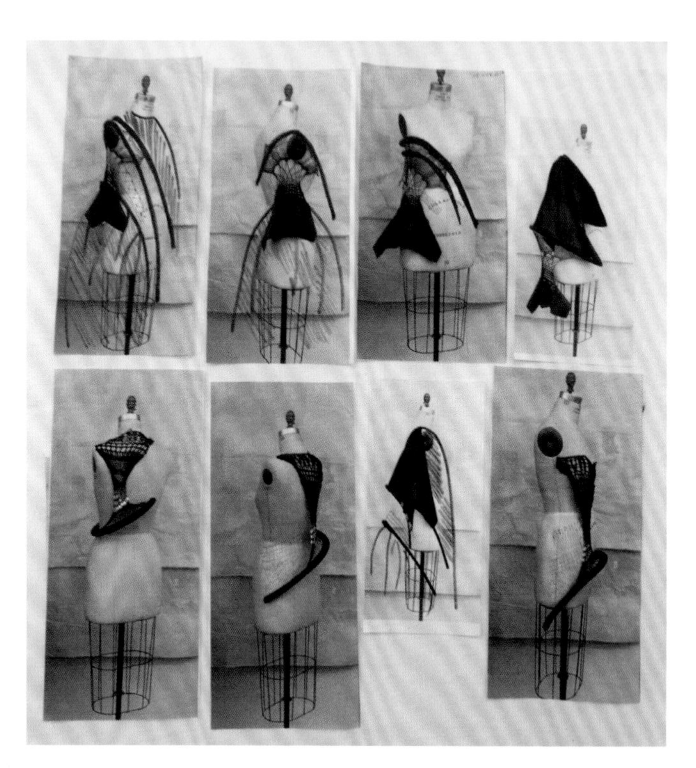

图4-30、图4-31
一组图片，直接将针织面料放置在人台上进行立体裁剪，使用针织坯布在人台上推进服装廓型，作者是Björg Skarphéðinsdóttir。

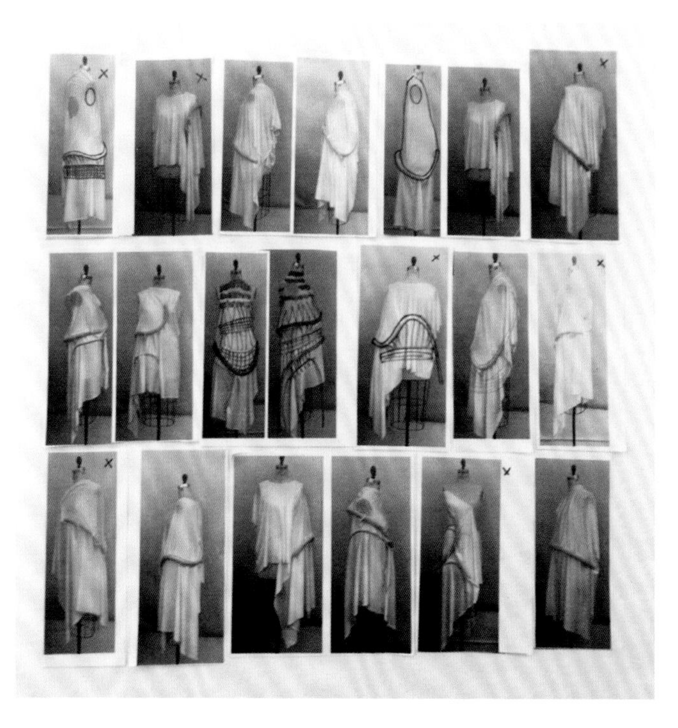

制作针织板型

在制板开始之前，有几件事要提前考虑，首先它最好比较简单、便于生产，不要有太多复杂工艺。下摆、袖口、领边等罗纹应该有弹性，能够贴合人体。然后计算罗纹边的高度和宽度。衣片边缘的罗纹能自动收缩，使织物合体。

每片针织物的弹性都不同，这取决于纱线、织物密度以及使用的针织工艺。编织一些密度小样，直到得到你想要的外观和手感的织物。每种纱线和针织组织都需要制作小样。

服装工艺图有助于你计算针织板型。这种图不需要按比例画，但需要在图上标注长度和宽度尺寸。标准合体服装通常会在宽度上增加5厘米来增加舒适度（如果设计的是紧身款，需要的松量则更少）。

工作营

测量尺寸

除了为人台设计，要尽量将目标人体的尺寸测量仔细。以下是需要测量的基本数据。

- 胸围：测量胸部最宽处的围度（标准88厘米）。
- 背长：测量后颈点至腰线，也可以加一些余量（标准40厘米）。
- 袖窿深：从肩点到侧缝的腋下点，这个尺寸取决于设计要求的深度（标准21厘米）。
- 领围：颈根部的围度（标准37厘米）。
- 肩宽：从侧颈点到肩点（标准12.5厘米）。
- 后背宽：从后背测量两个腋下点之间的距离（标准34.5厘米）。
- 臂长：从肩点经过臂弯到腕部（标准58.5厘米）。
- 臂根围：胳膊最粗处的围度，这个尺寸取决于设计需要的效果（标准28.5厘米）。
- 腕围：标准18厘米（确定弹性是否满足拳头的围度）。

注意：这里提到的是公制单位，换算成英制：1厘米=0.39英寸。

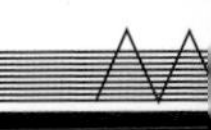

图4-32～图4-34
收集的老式针织服装款式。

基础样板和装袖

按照第121页的测量尺寸可以绘制弹性基础样板，也可以根据要求在胸围、袖窿加入一些松量，上臂围处加入至少5厘米。如果是紧身的设计，则抬高袖窿线，减小袖窿深2～3厘米，身长和袖长也可以改变。

工作营

大身前、后片板型

1. 1—2：从后颈点到腰线的垂直线。
2. 1—3：领口尺寸的1／5。
3. 1—4：袖窿深加上肩斜高度（如3厘米）。
4. 4—5：垂直于后中的水平线，胸围的1／4。
5. 5—6：垂直线与从2引出的水平线相交与6。
6. 4—7：表示后背宽的1／2。
7. 7—8：从7开始的垂直线与从1开始的水平线交于8。
8. 8—9：肩斜高度（如3厘米）连接3—9。
9. 5—10：画曲线，与经过4的虚线相切，重合大约3厘米，这样就完成了半个后片。
10. 从3开始按要求在后片的基础上画前领口线（确定前后领口线的和不少于领围的一半）。
11. 复描制板，分成前半片和后半片。

装袖板型

1. 1—2为袖长，作从1、2引出水平线的垂线。
2. 1—3的水平线是1／2臂根围。
3. 1—5的虚线为袖窿深与3—4的直线相切。
4. 5—6垂直于1—2。
5. 5—7为1—5的1／3，依这一点画出袖山曲线。
6. 5—1：画出曲线与6—5相切大约3厘米，穿过7点到1结束，确定袖山曲线与衣片袖窿弧线尺寸相同（可能需要调节曲线已达到精确匹配的数值）。
7. 2—8袖口高，基于设计可以任意选择尺寸，8—9是袖口围的1／2，应考虑腕围的尺寸。
8. 9—10垂直于2—4，连接9—5。
9. 这是袖子的一半，以袖中线作镜像来完成另一半。
10. 当大身和袖的板型绘制完成，要在边缘留1厘米缝缝，制作样衣以检验设计的尺寸、比例。腰围也可以收窄，使其更合体。

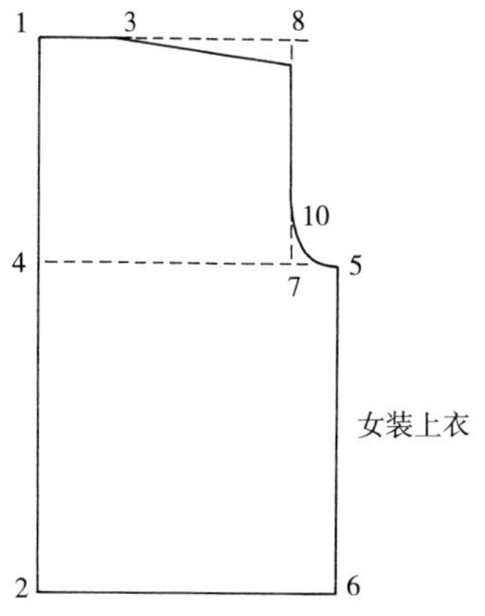

图4-35
大身和装袖的基础样板示意图。

针织基础原型样板

这个简单的板型意在说明计算针织工艺中通用的原理，只是一个基础，用于款式风格的变化，肩线可以落肩，袖窿可以塑形，领口也可以变化。

所有围度和长度的尺寸被都标在图中，这个简单的廓型展示了前片、后片和方形袖片，袖山线的长度是袖窿深的两倍（如19×2=38）。如图4-36所示的前领深为10厘米，后领为水平线。

下一步就要按照密度小样数据算出针织服装工艺，范例样片的密度为3针／厘米和4行／厘米。

注意：这里提到的是公制单位，换算成英制：1厘米=0.39英寸。

贴士

缩写
Stitch（es）= st（s）

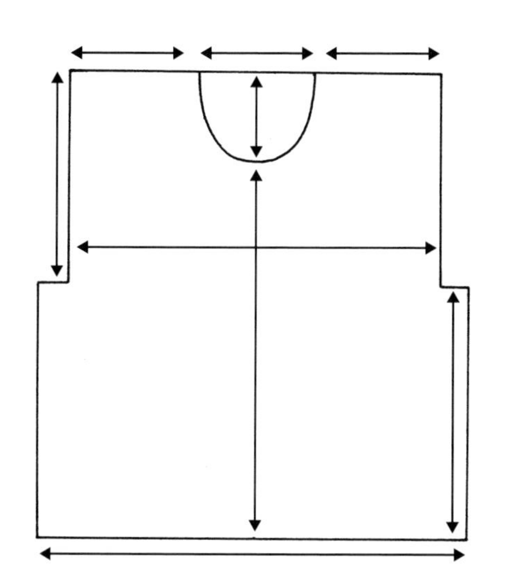
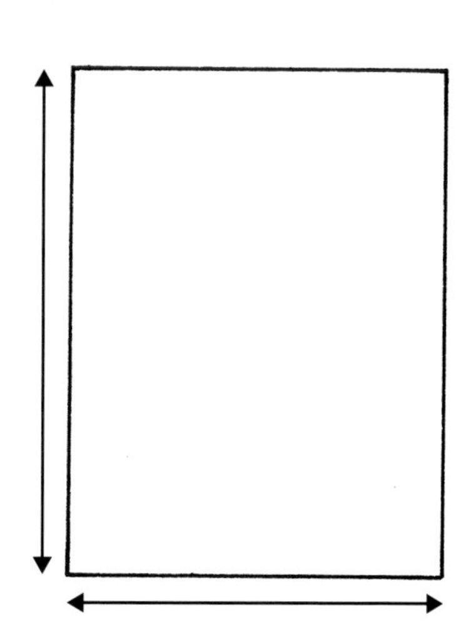

图4-36、图4-37
大身和袖子的基础针织工艺，含松量。既标有尺寸，又标有针数和行数。

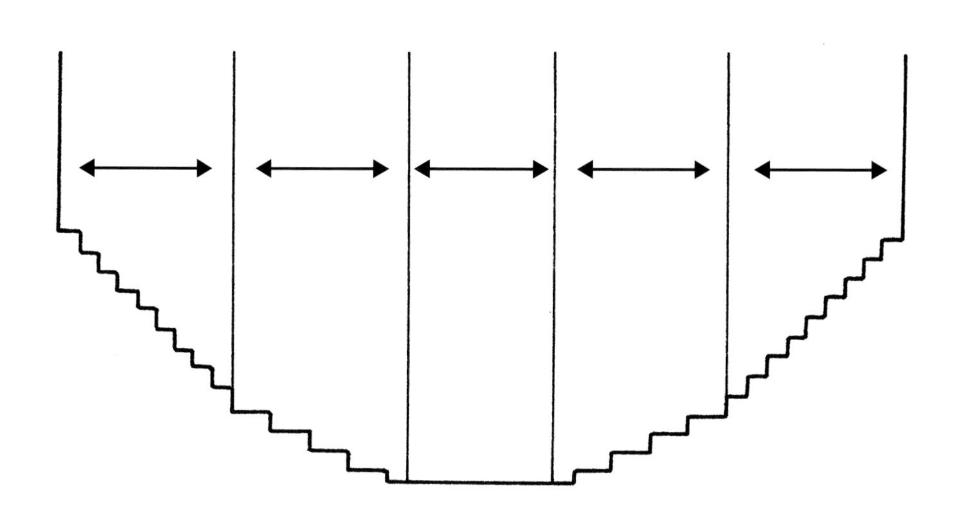

图4-38
前领口线针数和行数的示意图。织片密度为3针／厘米，4行／厘米。

工作营

编织针织衣片

1. 起138针。
2. 编织172行。
3. 两边各收9针。
4. 编织36行，然后留前领口。如果是后片，继续织40行，收口。
5. 将领口宽45针分成5等份（9针）。
6. 将机头停在右手边（此时针床工作区域有120针）。
7. 将左边61针休止。
8. 休止领中右边的5针，编织2行。
9. 休止领中右边的2针，编织2行，重复3次。
10. 休止领中右边的1针，编织2行，重复8次。
11. 平摇编织12行。
12. 将右肩收口，右肩应该有37.5针，但半针无法计算，所以每肩织38针或37针，差的这一针可以调剂在领口，因为织物的弹性，1针不会影响领口的合体度。
13. 用移圈器将左边的61针放回工作位。
14. 重新带入纱线，并将机头停在左边。
15. 休止领中左边的6针，编织2行。
16. 休止领中左边的2针，编织2行，重复3次。
17. 休止领中左边的1针，编织2行，重复8次。
18. 平摇编织12行。
19. 将左肩收口。
20. 用移圈器将所有针置于工作状态，然后收针。
21. 袖：起114针，织232行，收针。

针数和行数的计算

计算针数和行数对于针织服装的设计制作非常重要，通常要计算斜线和一些不规则的线的长度，比如领口线、肩斜、袖窿、袖子。所有成型织片基本都以同样的方法计算：用需要编织的行数除以要减掉的针数。得出的数字是在每次减针时，需要编织的行数。

领型

大多数领子的编织是一样的，依照领型，先织一半再织一半。织一边的时候，另一边休止。或者在未成形前，用废纱编织，这样可以将织片从针织机上取下，尤其是编织精细纱线时会很实用，因为可以避免机头多次经过休止针。最简单的领型是方形，中间留针，两边直接织完。

对于圆领，要检查整个测量数据是否正确，如果不合适则需要调整。后领口线常常没有领深而织成直线，但对于比较讲究的工艺，最好有轻微的领口曲线。只要将领口线沿前中线向两边延伸，圆领很容变成V领，这两种领型都可以配合很多领子的变化。（关于领子和领口参见本书第124页）

当编织V领时，需将一半针休止，V形是通过每几行按要求休止几针的方法（或者根据工艺的计算），然后继续编织，直到剩下肩宽的针数，织完一边收口，再编织另一边。

图4-39～图4-41
山姆·巴蒂斯（Sam Bartys）设计的领型，他毕业于诺丁汉特伦特大学，是耐克品牌的设计师。

肩部造型

装袖的款式肩部必然是斜线。肩部造型是通过将织针依次休止的编织方式，休止从机头反面的袖窿边缘开始。

测量肩斜，从肩点向领口线画水平线，然后从这条线画垂直线与领口线相切，这条线表示肩斜的高度与行数，水平线表示肩宽和针数。用针数除以行数就得出每行要休止的针数。当编织完成，用移圈器将织针都置于工作位置，收口之前要再编织一行。如果缝缝需要缝合，需要先用废纱收口。

平肩和落肩不需要编织造型，通常后片的领口线和肩线都是一条直线。如果是一字领，前片领口也可以织成一条直线。

袖窿造型

编织袖窿线，必须计算出要减掉多少针，要在多少行中剪掉这些针。

在8厘米高度里减去5厘米宽度。首先参考样片，纵密：3.7行／厘米、横密：3.3针／厘米：

8厘米 × 3.7=29.6（约为30行）

5厘米 × 3.3=16.5（约为16针）

30／16=1.87（约为2）

在30行中需要减16针，因此每2行减掉1针，织到30行然后再平织。

两边袖窿线要同时收针，以保持对称。同时要记住针织是有弹性的，计算可以四舍五入，便于使用，不会影响衣服的效果。

编织圆形袖窿线时，在开始编织袖窿时就要平收几针，之后两边袖窿要依次进行收针，机头在袖窿左边收左侧的针，机头在袖窿右边收右侧的针。

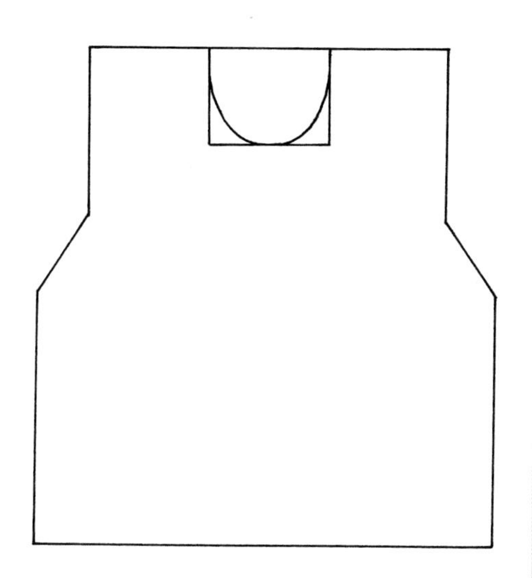

图4–42
直身带袖窿的服装板型示意图，展示了圆形和方形领口的位置。

工作营

编织针织袖窿：

1. 在袖窿处平收5针。
2. 编织2行，然后在袖窿处减2针。
3. 再编织2行，在袖窿处减2针。
4. 编织2行，在袖窿处减1针，减3次。
5. 编织6行，减1针，重复该操作。
6. 这样大约织5厘米（24行、15针），平织到肩点收口。

图4–43
塔利亚·舒瓦隆（Talia Shuvalon）的设计，展示了平面带子修饰的领边、袖窿和侧缝。

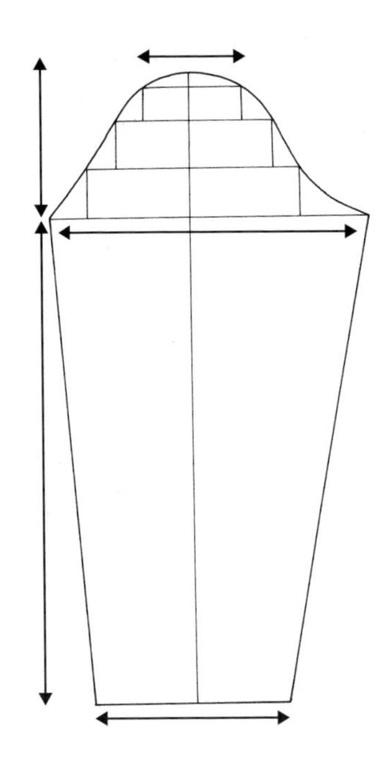

图4-44
样片密度为3针／厘米，4行／厘米的袖子板型。

袖子板型

为了能够准确拼合，袖山曲线应该和袖窿弧线相符合。方形或切口式的袖窿线需要配合矩形的袖子。呈弧线的袖窿线需要有袖山的袖子，所有袖型都可以适用，包括平袖、窄袖、喇叭袖。

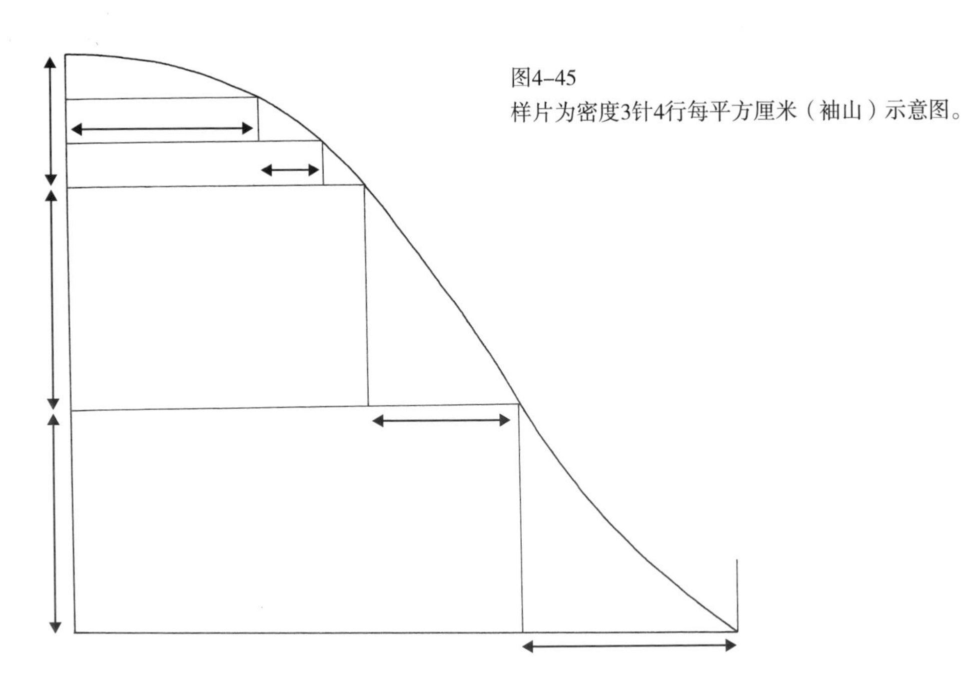

图4-45
样片为密度3针4行每平方厘米（袖山）示意图。

工作营

编织袖片

样片的密度为3针4行每平方厘米，如图4–44、图4–45所示。

1. 画一条垂直线作为袖中线，标出横向和竖向的尺寸。
2. 分出袖山的部分，依照袖山曲线设计收针方式会比较容易（图4–44）。
3. 根据测量尺寸计算针数和行数（图4–45）。
4. 起66针，织180行，每12行加1针（需要加30针，每边加15针，180／15=12行）。
5. 以下步骤共同适用于袖山的两侧，在开始的20行中要减掉15针（20／15=1.3）我们没法减1.3针，因此先减5针，然后每2行减1针重复10次。
6. 接下来的一段20行减10针，每2行减1针。
7. 最后一段又分为3个1厘米的部分。第一部分4行减3针（先织1行，然后每行减1针3次）。
8. 第二部分，4行减6针（每行减1针2次，然后每行减2针2次）。
9. 第三部分，4行减13针。一种方法：每行减3针减3次，最后一行留4针收口。最后一段可以用休止的方法最后收口，如果要一次减2针以上，你会发现收针的方式比减针容易。

细节和装饰 5

样片收尾的细节至关重要，它可以影响成衣的效果。一些设计细节，如装饰边、扣合方法在设计的时候就要考虑到。

这一章主要介绍领子和领边、下摆和衣边、口袋和扣合方法。也会涉及手工技术、分割、熨烫、缝合。还会关注刺绣和装饰，包括很有用的针织珠绣部分。

对时尚针织服装设计师汉娜·詹金森（Hannah Jenkinson）的采访，旨在说明你可以采用不同的方式用针织来做设计，并深入了解她在针织行业的职业生涯。

将所有粉色和蓝色的条纹，伴着甜美的思绪一起编织，尽情地编织，让梦想成真。

——L. 格莱斯·佛斯特（L. Glaiser Foster）

图5–1
黑色针织领，饰以珠饰和流苏，由艾莉森·蔡（Alison Tsai）设计。

领子和领口

领子通常从衣身的领口向外延伸，领边则是沿着领口线设计。领子和领边都可以直接从衣身织出来，也可以分开织造再缝合。根据设计的廓型和风格，领子和领边的编织方向可以是竖向编织或横向编织，针织组织可以是纬平针、罗纹、镂空或者具有装饰性的边，如花边外围的小环。

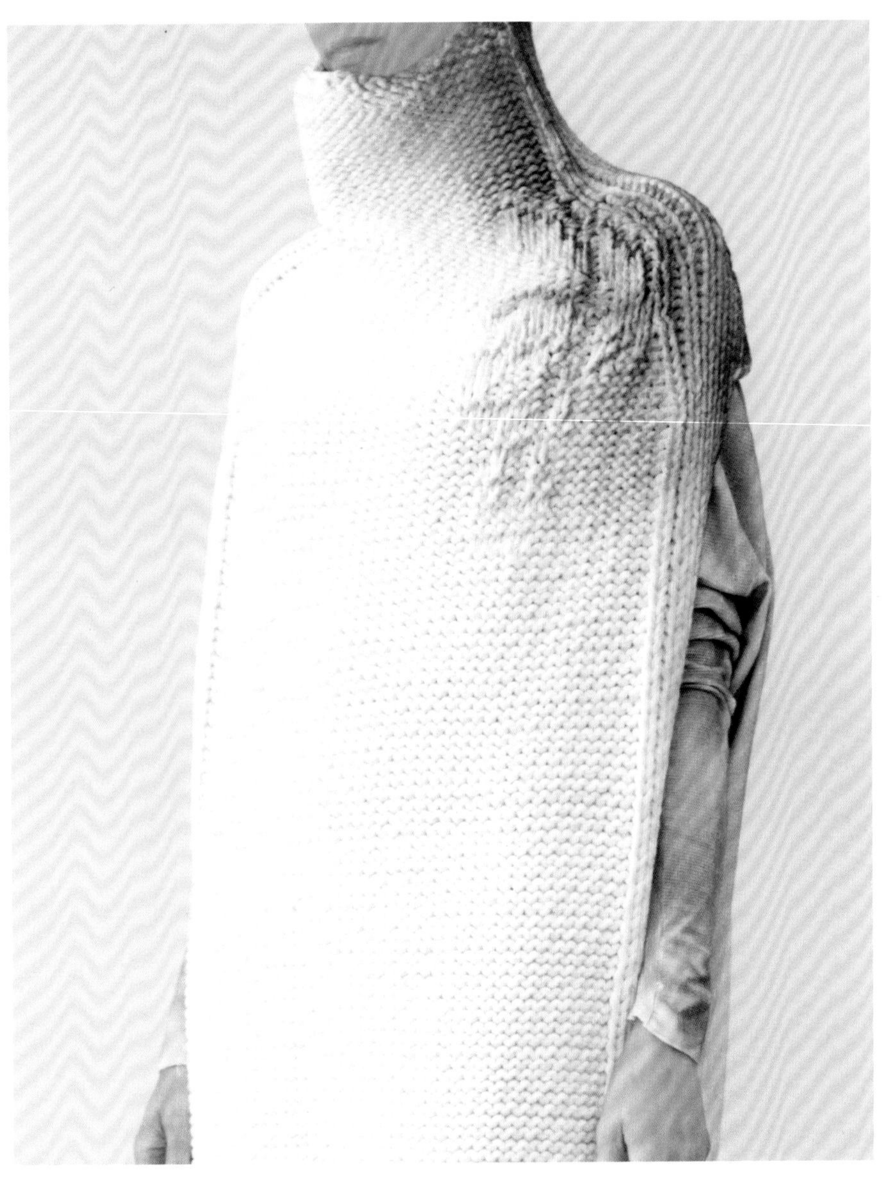

图5-2
纳塔利娅·皮尔彭卡（Natalia Pilpenka）设计的原身出领的高领针织服装。

领口

Polo领和水手领是最常见的基于领子原型的设计。Polo领是一片矩形的罗纹织片，从上向下翻边，领子下部（靠近领口处）可以比领子上部（翻边部分）密度紧一些，便于造型。Polo领如果是罗纹组织会很有弹性，通常要与大身分开编织。水手领也是罗纹织片，有弹性，但领边很窄不翻边，前后领口形状相同，缝合时将罗文边撑开在肩线处缝合。

V领的领边，会沿着V领线交汇在前中线。方领的领边被做成几片，以结尾处拼接缝合。

罗纹组织的领座或领子弹性既要能够方便套头，又要在颈部保持服帖的效果。测量领围并依据样片的弹性计算针数，可以稍微少几针以更好地贴合颈部。如果衣片的领口带废纱编织，也可以将衣片再挂在针织机上继续编织领子。

图5-3
由纳塔利娅·皮尔彭卡（Natalia Pilpenka）设计的羊毛缩绒服装，带有大的白色披肩衣领和经典的逆形剪裁。

图5-4
纳塔利娅·皮尔彭卡设计的超大号型高领（原身出领）针织服装。

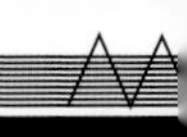

领子

常用的领子有三种：平领，包括彼得潘领（小圆领）、伊顿式阔翻领、海军领；立领如中式领、Polo领和衬衫领；原身出领（与大身一起编织），如翻驳领、青果领、帆形叠领。所有这些领都可以通过裁剪的方式演变为各式装饰领。

领子可以用各种不同的方法编织。第一种横向编织的方法是：在单针床设备上编织平针和针织花型，然后对折成双层，折线定型，另一边与领口缝合。或者也可以根据设计反过来。

第二种横向编织的方法是：在双针床针织机上编织，使织物保持一定厚度，这种方法的塑形性很好。这些领型可以将衣片领口挂在针织机上直接织；也可以与大身分离，单独起针编织，分开编织的领子边缘比直接编织的领子边缘更整洁、美观。

图5-5
艾莉森·蔡设计的带罗纹的包裹式披肩领服装。

图5-6
茱莉安娜·席泽思设计的装饰皱领。

工作营

荷叶边领的纸样

荷叶边领在单针床针织机上就可以编织，并且可以缝合到任意领口上，呈现不同的造型，丰满、立体。不同类型的镂空织物也可以形成荷叶边领。

在纸上画出矩形，领口长度是从领围线的前中至后中的长度，领子宽度是依据所需的褶边深度而定，如果你愿意，可以制作有形状的领子外边缘。

将纸样等分（图5–7）从外边缘打开切口，保证领口的原尺寸（领口会变成曲线）。

保持纸样平服，整理纸样绘制新的边缘线，包括打开的部分，打开的部分越宽，荷叶边的褶量越大。进行编织时，局部编织可以用于编织增加的部分。

第三种方法是竖向织领，在单针床或双针床机上编织，再缝合。用纸样画出领型，如平领，可以直接在一片纸样上画，然后再复制、调整，或者用领围尺寸直接设计直边领子，用局部编织的方法在领围以外放出合适的量（适合伊顿领风格）或更多的摺量，形成荷叶边效果。

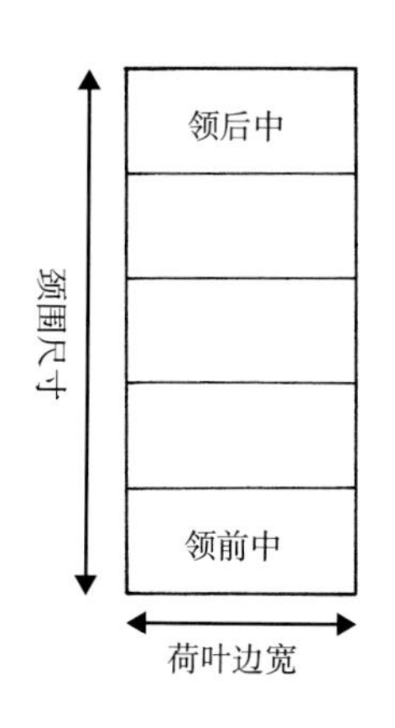

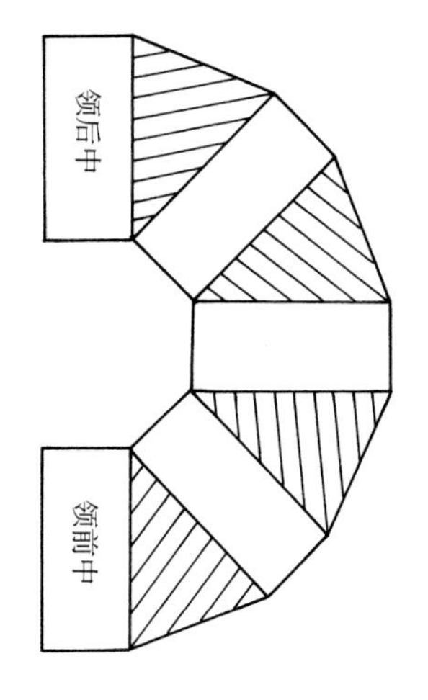

图5–7
示意图展示了采用平面裁剪技术制作荷叶边领。

下摆和边缘

下摆和边缘可以造型，如做成扇形、流苏、镂空，手工编织的边也可以挂在针床上继续编织。

正常起针的边会翻卷，但如果将第一行钩起与衣身同织，就会产生整洁的管状下摆。局部编织同样可以为下摆和边缘提供变化空间。双针床针织机可以编织各种罗纹边，单针床针织机也可以编织假罗纹组织，这种边缘弹性较小，但可以作为下摆和袖边。

下摆增重

下摆的重量可以让针织物具有悬垂感，有多种形式，如圆筒状和扁长型的织带，通常用在离下摆有些距离的地方。有带重量的带子，里面有小的铅珠，被包覆在棉质圆筒里面。还有各种链状物，在增加重量的同时有装饰作用。另外，具有重量感的普通自制织物或针织带，也可以用于制作质量较轻的针织组织的下摆和边缘。

工作营

锯齿边

1. 采用不同于主色纱的废纱（最后会被拆掉）起针编织。
2. 换成主色纱编织10行。
3. 隔针将线圈移至相邻织针（形成网眼），编织10行。
4. 挑起第一行主色纱线挂在织针上，形成下摆边缘，然后按要求编织。
5. 拆掉起头废纱，形成光滑的边缘。

图5-8
带有宽罗纹边缘的半透明的橡胶服装，由汉娜·詹金森（Hannah Jenkinson）设计。

图5-9
锯齿边的细节图。

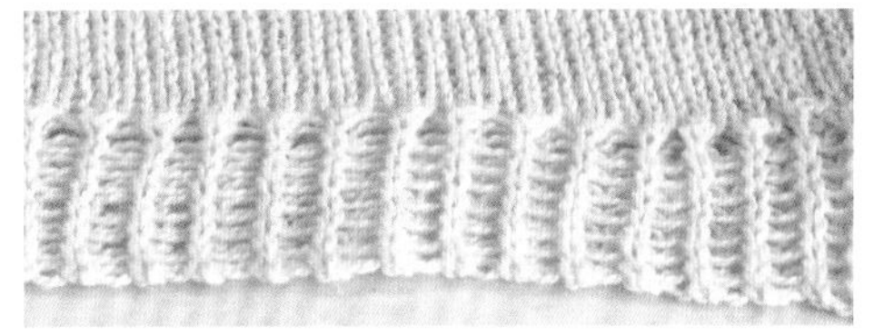

图5-10
单针床针织机编织的假罗纹细节图。

工作营

单针床假罗纹（1×1）

1. 假罗纹密度比纬平针要紧。
2. 隔针起针。
3. 织10行，放松密度编织1行（折叠线），再织10行。
4. 挑起第一行挂在针上，形成下摆边。
5. 将编织区域不工作的织针置于工作位，以常规密度，按要求编织。
6. 编织假罗纹比真罗纹（双针床上编织）要快捷，但弹性不足。

工作营

双针床罗纹（1×1）

1. 按示意图的方式针对针排列，移动针床，使工作织针与不工作织针相对排列（家用针织机，应调至P位）。
2. 将机头从左边推至右边，形成人字形线迹，插入起针梳栉，并穿钢丝。
3. 在起针梳栉上挂重锤，调节三角推杆来编织圆筒，两个针床上的织针轮流编织，织两行圆筒（空气层）。
4. 将三角调至正常工作状态（两针床织针同时编织），继续编织。
5. 如果完成罗纹边之后，要进行满针床编织，需要移动针床以免发生撞针（家用针织机应调至H位）。

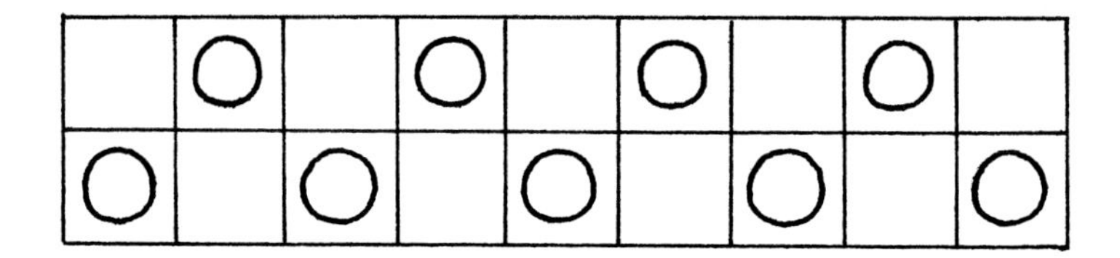

图5-11
双针床针织机起针的示意图。

图5-12
双针床针织机编织罗纹的细节图。

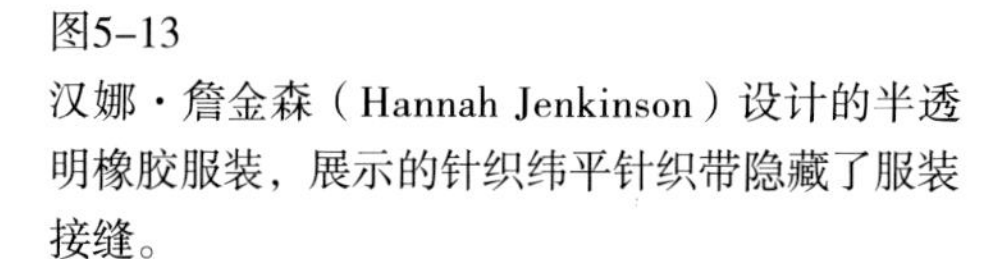

图5-13
汉娜·詹金森（Hannah Jenkinson）设计的半透明橡胶服装，展示的针织纬平针织带隐藏了服装接缝。

图5-14
汉娜·詹金森设计的半透明橡胶服装作为超大号型针织服装的外层，两层服装都使用了针织装饰边。

工作营

扇形边

1. 用废纱起30针(每个小扇形10针)。
2. 织几行，换正式纱线编织2行，机头停在右边。
3. 将休止三角调至休止状态，将左边20针休止，编织1行。
4. 将右手边第一针休止，编织1行，再将左边休止一针，编织1行。重复此步骤，每行休止1针（两边交替进行）。
5. 直到只剩1根织针处于工作位，继续编织时，每编织一行将休止的1针放回工作位（两边交替进行）。所有的织针都进行编织、休止，并重复这一步骤，编织中间的10针，然后是左边的10针。当正在编织一个扇形时，它相邻两边的扇形处于休止状态。
6. 当所有扇形完成编织时，将休止三角调至正常工作位，编织2行。
7. 挑起正式纱线编织的第一行，挂在织针上，来形成下摆。继续编织。

图5–15
用维多利亚羊毛手编衬裙的扇形下摆边。

工作营

流苏边

带流苏的饰边可以被编织出来，应用于服装大身的边缘，流苏也可以在编织过程中的任何时候被挂在织针上。

1. 将织针排列成巨大的梯子形状，如两边各有5针在编织状态，中间40针不参与编织。
2. 起针，两组针织处于工作位，中留40针处于休止位。
3. 编织需要的行数，然后从浮线中间剪开，成为两条流苏饰边。

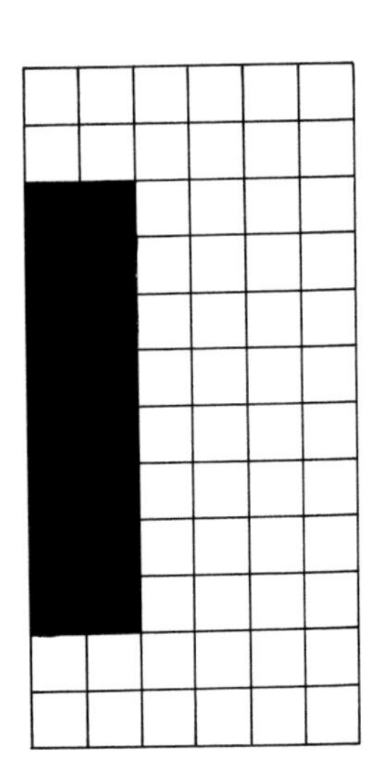

图5-16
环形切边的局部编织／休止位置示意图。

工作营

环形切边

1. 这种边可以用局部编织技术实现，带纱起6针。
2. 编织2行，机头停在右边。
3. 将休止三角调至休止状态，将左边前2针休止，编织8行。
4. 将休止三角调至正常编织状态，编织2行。
5. 将休止三角调至休止状态，再将左边2针休止，编织8行。
6. 继续这个过程，直到要求的长度，织带呈现环状。可以尝试不同宽度和长度的环形，也可以让织带两边同时产生环形。

口袋

口袋的形式主要有三种。一种是贴袋，单独织一片任意形状和尺寸的织片。贴袋是从上织到下，先织罗纹或边作为袋口，再织其他部分，然后手缝到衣片上。

第二种口袋是与水平开口组合。在大身上水平开口，口袋挂在里面，口袋常常用机织面料制成。

第三种口袋是竖开线，可以做在侧缝线上。如果是斜线或竖线，口袋边需要单独编织，或者利用休止编织来做口袋边也可以一次成型。口袋编织的时候，其他织针需休针。口袋片需要两个口袋的长度，便于对折至袋口与大身一起继续编织，然后将袋口手工缝合。口袋片要织得足够长，以保证一部分可以成为口袋边或口袋盖。

图5-17、图5-18
口袋设计，源自时装品牌米索尼（Missoni）2010年秋冬时装发布会。

访谈

汉娜·詹金森（Hannah Jenkinson），自有品牌HJK针织服装设计师

汉娜·詹金森毕业于英国布莱顿大学（University of Brighton）针织品专业，之后在纽约帕森斯设计学院攻读艺术硕士的时装设计与社会方向。2013年从帕森斯毕业后，她继续为自己的品牌工作，并在加州一家更商业化的品牌担任设计师。

你的设计背景是什么？你为什么从事针织服装设计？为什么你对针织服装感兴趣？

最初，我被针织服装设计范畴所具有的潜力所吸引——可以从纤维、纱线、肌理、图案、成衣的全过程来设计服装。我喜欢针织无缝编织的概念，以及在编织的同时可以成型的潜力，这是机织做不到的。以技术和工艺为灵感来指导设计，而不是仅仅是绘制设计稿，再尝试找出实现它的方法。逆向工程方法是有意义的，我从一开始就喜欢这个过程。

我很小的时候就开始和祖母一起做棒针编织、钩针编织和手工刺绣。我很幸运，学校提供了艺术纺织品设计相关的课程，这是我最喜欢做的。之后，我参加了一个艺术基础课程，然后从布莱顿大学攻读时尚纺织品设计和商学专业，并专攻针织品。我在服装行业里工作了整整一年，这是一次为各种各样的公司工作的好机会，可以真正认清我毕业后可能从事什么工作。从布莱顿大学毕业后，我在伦敦一家开发针织面料的小型针织样品设计工作室工作。那是第一份很棒的工作，我每年都要去纽约和巴黎出差几次。在伦敦工作了三年之后，我申请了帕森斯设计学院的时装设计艺术硕士和社会项目，并很幸运地获得了全额奖学金。帕森斯设计学院让我探索和发展了自己的设计过程，确立了自己的设计师身份。这也为我在纽约以及之后在加州的工作提供了很多很好的机会。

你目前在一家大公司工作，用最新的针织品技术，但也有时间继续自己的品牌工作；你是怎么做到的？请告诉我们更多关于你为大品牌开发面料的工作情况？

我在南加州一家针织品公司的设计和开发部门工作多年，为多个部门设计新的针织面料。几乎每种风格都有独特的面料设计和开发，以配合当季的色彩／肌理／灵感。我与一组程序员和机器师合作，他们利用斯托尔（Stoll）和岛精（Shima）电脑横机的最新针织技术，致力于创造新面料。这里有独特的内置设备间，存放有大量来自世界各地的纱线。这里也有一台纺纱机可以给纱线加捻合股，有助于更好地掌控整个设计制作过程。

在大公司工作和为我自己工作非常

不同；很多设计都要考虑到成本、编织速度、纱线的实用性、色彩平衡、手感，当然还有审美。考虑许多因素是必要的，以获得完美的面料，这与整个系列的设计工作是一体的，但又是独立的。

我继续做我自己的工作——我的品牌HJK汉娜·詹金森针织品。我总是有自己的想法和想要尝试的事情。源源不断的灵感要么被尝试，要么被列出，要么被遗忘。就我个人而言，我最喜欢自己动手做东西——尝试棒针编织、手工刺绣和钩针编织，然后把那些传统的技术与意想不到的面料（如塑料或网纱）混合在一起。

我也会受到触动心灵或有挑战性的概念的启发，是人类独自所面临挑战时会有助于团结一致。1906年和1989年旧金山地震余波的图片是我最新系列的灵感元素之一——这是不得不面对的情景，除了团结和重建，处于别无选择的境地。歌词“当你跳跃时会发生什么？是世界抓住了你，还是你摔倒了”被加入这一系列的作品中，以反映勇气和信仰。

你能给我们讲讲你为自己的品牌HJK做设计的过程吗？你的工作有什么新的方向，你的灵感是什么？

作品的制作过程让我很受启发——从一种技术开始，然后让它引出一个又一个的想法。我也试着全神贯注于自己的世界，不去看别人的作品。由于人们可以通过网络和社交媒体方便地获取作品信息，所以很多作品信息被挪用。我确信要形成自己的设计工艺并彻底地开发创造出一些全新的、独一无二的东西。如果你知道当你开始一个项目的时候你要做什么，那么你并没有真正进入这个项目的设计过程。当你开始尝试的时候，你必须对可能发生的事情完全不设限。我有时会被一些想法和选项弄得不知所措，所以有一些可视的参考是很好的。我喜欢简约的造型，所以我通常会将它简化。

你如何形容你的代表作？

饰有图形文字或花卉图案的超大号型毛衣，采用柔软、奢华的意大利羊毛和网纱制成。

你对刚进入这个行业的毕业生有什么建议？

我建议刚毕业的大学生们要真正抓住眼前的机会。你永远不知道你现在学到的知识，将来会如何影响你以后的职业生涯和生活，所以当你可以做的时候，不要放弃学习的机会。我真的很感激我上大学时在行业里度过的那一年，以及在申请艺术硕士之前我在伦敦所做的工作。在现实的产业中工作，然后回去学习，这是非常宝贵的经历。这意味着我充分利用了我所学的知识，并知道自己要从其中摆脱什么。

图5-19
汉娜·詹金森设计的超大号型的针织毛衣，来自她的毕业作品集《我心深处》，毛衣展示了令人难以置信的针法细节和刺绣特写。

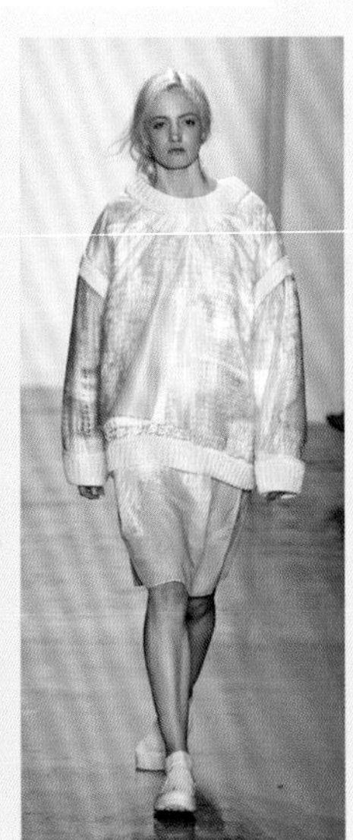

图5-20～图5-22
第14届纽约春夏时装周走秀图片，展示了汉娜·詹金森设计的超大号型半透明针织毛衣，装饰有文字和几何图案的刺绣。分层服装使用了保护性的橡胶外层。

图5-23
汉娜·詹金森的毕业设计静态展示，展示了整个系列作品。

扣眼和扣合配件

与机织服装一样，有太多扣合的方法和边饰可以用于针织服装。例如，可以将拉链装在两边之间，可以放在边缘外或边缘内。织带、线绳、扣子、金属扣环、皮带、挂钩或者花式的盘扣，甚至钩织的绒球和线圈都可以成为扣合方式。扣眼是最常见的一种，可以有很多形式：横的、竖的，小的、大的。竖扣眼通常用局部编织实现，横扣眼则是通过按要求的宽度收口和起针来完成（方法参见本书第137～138页）。你可以设计保守的或有刺绣装饰的扣眼，也可以在门襟边与大身缝合时，留下开口作为扣眼。更多的常规扣眼是通过锁眼机直接制作的。

图5-24
特别的金属扣合配件，由西蒙娜·沙莱斯（Simone Shailes）设计。

工作营

小扣眼

1. 选择相邻的两针。
2. 将1针移至左边，1针移至右边，织1行。
3. 将两个空针空针上面的浮现绕在针上（手工起针法）。
4. 将针置于工作状态织1行，然后继续编织。

工作营

大扣眼

1. 用对比色或同色的纱线将对所需数量的织针进行收针处理，留在扣眼末端的线头，稍后将被缝入织物中。
2. 在空针上用e形绕线法起针，将这些针置于工作状态，继续编织。
3. 用舌针将纱线尾部收净，手工处理的扣眼使开口处整洁、美观（参见本书第138页）。

工作营

竖向扣眼

1. 机头停在右边，将休止三角置于休止状态。
2. 将扣眼左边的织针全部休止，织6行。
3. 将扣眼右边的织针全部休止。
4. 切断纱线，将机头停在左边。
5. 扣眼左边的织针全部恢复工作位置，织6行。
6. 将扣眼左边的织针全部休止。
7. 切断纱线，将机头停在右边。
8. 关闭休止三角，停止休止，然后继续编织。

工作营

环状织带

环状织带可以用作扣眼，也可以作为装饰边。布圈耳可以单独编织，也可以用于连接装饰边或装饰折边。

1. 起4针左右。
2. 按下局部编织按钮，然后根据要求编织。或者在隔行编织时让所有织针处于不织状态，如果密度较紧，织带会变成圆筒状。

工作营

锁扣眼

手工锁扣眼用于加固扣眼（扣眼要保证扣子可以穿过）。会用到相同或不同的线，如有装饰效果的线或细的织带。

1. 取足够长的线，缝一个半圆形线圈。
2. 从左边开始，如图在半圆形的线圈上穿套。
3. 继续穿套并拉紧每一个小线圈，直到线圈覆盖整个半圆形，然后打一个结实的结。

纽扣

纽扣可以是现代的、怀旧的，也可以是塑料的、玻璃的，它可以与面料或织物形成对比，可以是松动的、扣紧的或针织钩编的。无论你如何选择，服装在缝制扣子之前，都必须被完成并经过整烫。如果纽扣只是用来装饰的，可以把它平缝在针织物上；如果不用于装饰，纽扣与面料之间则需要留有距离。

图5–25
维多利亚羊毛上衣的环状织带镶边。

图5–26
锁扣眼针法的示意图。

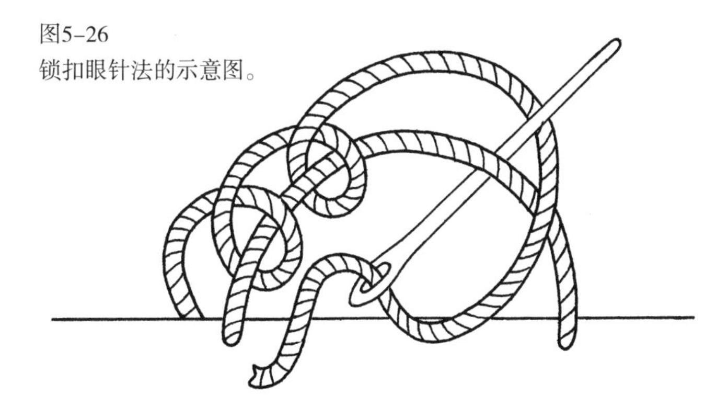

工作营

缝纽扣

纽扣与面料之间的距离要便于纽扣与扣眼的扣合，但是也不能过长，致使纽扣在不扣时，垂下来影响美观。

1. 使扣子刚好离开织物表面。
2. 钉6针左右，调整并保持纽扣和织物之间的距离。
3. 让缝线在纽扣下面的一组缝线上缠绕。
4. 缝几针小针脚收尾。

手工整理技术

服装的缝制是生产当中的重要环节。织好的衣片很漂亮，但不恰当的整形、整烫和缝制都会破坏衣服的整体效果。

在编织较长的织物时，在织物的边缘有规律地作记号是个好办法，例如，每100行做一次记号。这些记号在缝合时对位，以保证缝合线均匀流畅。针织的衣片很有弹性，如果不提前设置织片的对位，缝合时两片会对不整齐。

整形和熨烫

整形包括将衣片以珠针固定出所需廓型，然后测量并定型。针织片固定在纸板上时，会破坏纸板，使之无法重复使用。另一种整形方法是将纸板改为坯布版。

定型时要柔和的移动熨斗，在织物表面用蒸汽定型，不要将熨斗直接压在织物上，将织物附在服装板型上熨烫。服装边缘的定型要特别仔细，尤其是一些纱线很容易卷边。羊毛和天然纤维可以直接用蒸汽定型，如果没有蒸汽熨斗，就要在织物上盖一层湿布再熨烫。罗纹也可以熨烫定型，定型的时候如果罗纹是拉开的，就会保持拉开的状态。合成纤维不适合熨烫定型，因为高温会使纱线弹性减小。也可以从反面蒸汽熨烫从而达到预期效果。

缝线

针织服装的缝线是隐形的，要用与衣片弹性相同的线来缝合。如果缝得太紧，缝线会抽紧并绷断；如果太松，衣片缝合处会张开并露出缝线。

针织衣片可以通过手工缝合、缝纫机或缝盘机来缝合。手工缝合要圆头缝衣针和单根主线。如果织物采用花式纱线编织，缝线则要采用相匹配的普通纱线。细的或强度低的缝线要合股。

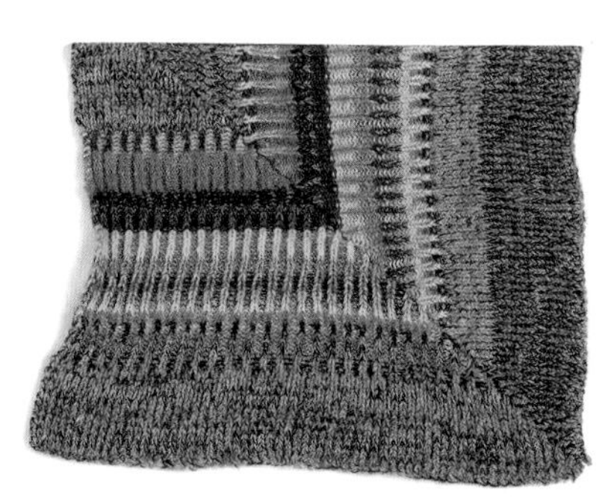

图5-27、图5-28
安娜贝尔·斯科普斯（Annable Scopes）整形并熨烫过的样片，采用双针床针织机编织，间隔排针，再将织物缝合在一起。

贴士

缝盘机

缝盘机用于缝合针织织片。常用的是小型工业用手动或电动缝盘机。缝盘机可以缝合任意长度，因为针在圆盘上可以循环使用。当机器运转时，形成了一条链式线迹，把两片织物连接在一起。缝合好的一部分会随着圆盘的转动脱下，为接下来的缝合腾出空间。

贴士

缝纫机

用缝纫机缝合针织衣片非常快捷高效。大批量针织服装生产常用裁剪的方法，边缘包缝以阻止脱散。一些针织机有专门的针织压脚。用涤纶线将织片假缝在一起是不错的方法。

工作营

垫缝针法

1. 垫缝针法看不到线迹、比较结实，且没有明显的缝头。从右向左操作，可用于拼合图案或织纹。
2. 两个织片边对边摆放，从右向左缝合。让针穿过两个圈弧下方，两块织片边缘各留一针。
3. 继续缝几针之后，轻轻拉紧缝线。
4. 结束时将纱线藏在缝缝里。

工作营

倒缝针法

1. 倒缝针法用于开口边缘和闭口边缘的缝合。也用于罗纹的收口和没有弹性边缘的缝合。
2. 将两片织物重叠一到两行。
3. 针从第一个线圈插入，穿过底衬从第二个线圈穿出。
4. 针返回再从第一个线圈穿入，穿过底衬从第三个线圈穿出；再从第二个线圈穿入，穿过底衬从第四个线圈穿出，重复此步骤。

贴士

废纱

当需要将织片挂回到织针上编织时，也会用到废纱。废纱被拆到只剩一行，然后在每拆一针的同时，使用移圈器将织物的线圈逐一挂回织针上。另一种方法是，当废纱还附着在织物上时，直接挑起主色线圈挂回织针，到开始编织前再拆掉废纱。

废纱编织还被用在成型编织中。如果织物线圈以废纱脱下或收口，就可以暂时离开针织机，让剩下的线圈完成成型编织。

工作营

接缝针法

接缝可以使两块织物的外观合而为一。用废纱控制线圈，在接缝完之后拆掉。如果缝合的整齐完全看不出痕迹，那是因为缝迹模仿了编织的行。

1. 将两个织片边对边，并且纬平针的正面朝上，从右边开始缝。
2. 针从上面一片的第一、第二个线圈穿过，再从下面一片的第一、第二个线圈穿过，然后从上面一片的第二、第三个线圈穿过，继续沿着这一行缝合。
3. 保持缝线的松紧与织片一致。

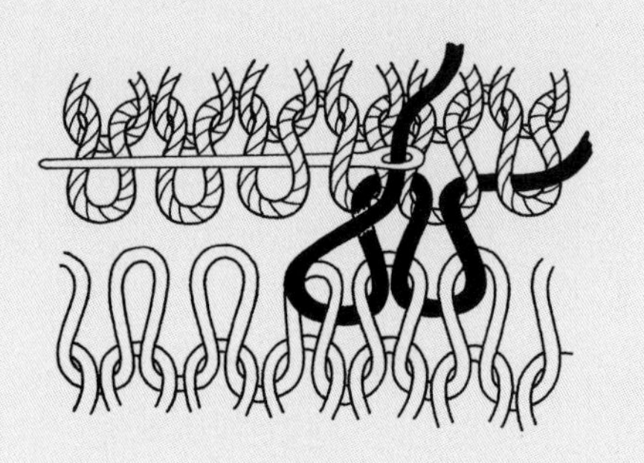

工作营

卷边针法

卷缝用于上边缘、带、边的缝合。如果是开口线圈边缘，要线圈对线圈分别缝合。

1. 将边或领假缝或固定好。
2. 从右边开始缝，针从第一个线圈穿入，从对应的线圈穿出。线圈从右边开始隐藏。

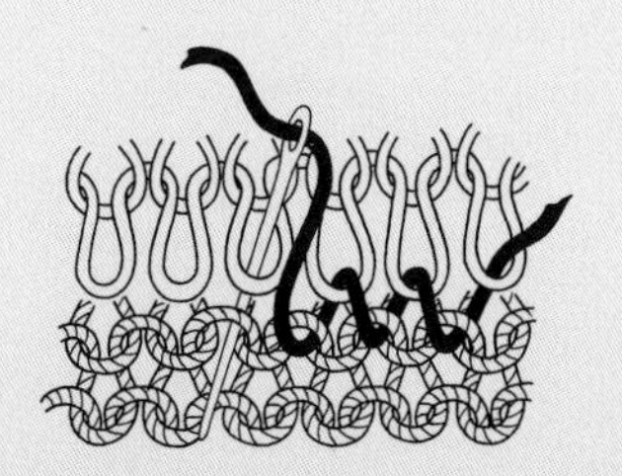

装饰

刺绣、贴布绣、珠绣，这些装饰手法经常被运用在针织或机织高级时装中。针织服装的生产者常常雇佣专业的绣工，在商品准备定标售卖之前，以刺绣、珠绣等手法装饰产品。也有一些专业的刺绣工厂，提供各式刺绣的加工。

设计装饰之前要考虑衣服的比例和尺寸。纸样可以用来检验图案的尺寸。绣花绷可以把面料拉紧，便于各种刺绣的操作。除了一些珠绣，多数刺绣是都从右边开始。

贴布绣

贴布绣是常用的刺绣方法之一，是将面料装饰置于服装面料之上。服装面料可以用丝、棉、麻或者皮革，也可以是针织、机织或者毛毡效果，裁剪的或是成型的。装饰面料可以是有边的、手缝的或者是毛边的和绣花的。对于比较厚的面料，如皮革，很容易在边上打孔，然后再缝在衣服上。大的图案如果用假缝的方法，一边固定一边缝，会很容易将图案缝在衣服上。注意：没有弹性的面料会限制服装的弹性。

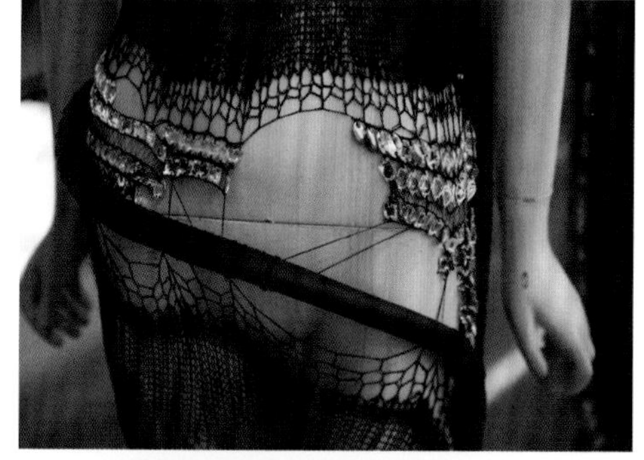

图5-29、图5-30
一系列图片展示的是装饰有施华洛世奇水晶的黑色针织连衣裙，由Bjorg Skarpheðinsdottir设计。

贴士

废纱编织工艺

有许多有用的针织技术包括采用废纱编织。如果两个织片需要接缝，就需要边是开口边缘，用废纱编织替代常规的收口，在接缝过程中它可以固定线圈。废纱可以在接缝过程中，或完成后被拆掉。

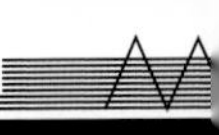

图5-31
20世纪50年代的奶白色珍珠纽扣开襟羊羔毛毛衫，缀有丝线和缎带缝制的花卉装饰。

刺绣

刺绣工艺可以丰富针织服装的色彩并增加其耐久性。针迹可以将平针针织物变为有创造性的艺术品。装饰性的针迹可以使用丝线、羊毛、亚麻线或是一些非常规材料如皮革和缎带。考虑好颜色比例以及用于织物的纱线粗细与其针迹、排布、聚集的关系。很多精美、亮丽、考究的刺绣设计都可以被生产。

当你要做装饰性设计时，鉴于线迹缝制图案的复杂性，最好使用简单的廓型。很多情况下，制作好的装饰性设计甚至不用事先画草图。最常见的设计方式建立在重复的基础上，将针迹组合在一起构成装饰性花边。

图5-32
机器刺绣装饰。

常用线迹

与织物底色形成对比的一行彩线线迹，就是一种常用的装饰。还有很多种著名的线迹，它们都是依据需要，由普通线迹发展而来的装饰性设计。

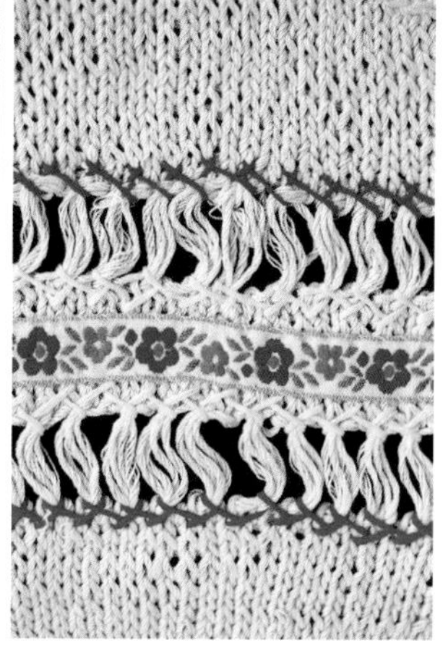

图5-33、图5-34
手工装饰的针织样片，来自祖扎纳·菲耶罗·卡斯特罗（Zuzana Fierro-Castro）。

图5-43
汉娜·詹金森（Hannah Jenkinson）设计的半透明、罗纹立领针织服装，用短粗线迹缝制了花卉图案装饰细节。

图5-35
直行针法。

图5-36
双线迹。

图5-37
垂直针法与直行针法结合。

图5-38
双排。

图5-39
斜向针法。

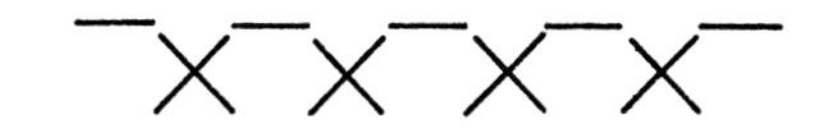

图5-40
十字针法与直行针法结合。

图5-41
垂直针法与十字针法结合。

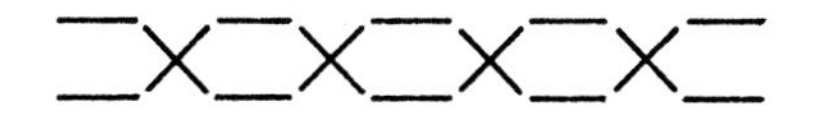

图5-42
十字针法与斜向针法结合。

串珠装饰

串珠是另一种装饰手法，可以被用来覆盖整块织物或点缀边缘、细节或图案。通过缝合串珠的线绳或用特殊工具将珠子穿在每一针上的方法，可以将珠子固定在针织底布上。

串珠装饰可以采用金银丝线，并使用各种各样像珍珠、金属、玻璃和木头等质地的珠子。条形的闪光饰片和漂亮的穗带也可以采用类似的方法附着在面料上。这一制作过程将会花费很长时间，同时也会大大增加制作成本。

如果你要将珠子缝在针织物上，你需要使用合适的缝纫针，既要保证这种针的针孔足够大可以穿线，又要保证针足够细，刚刚可以穿过珠子上的孔。有多种缝纫针法，如倒缝、平行缝、贴线刺绣、等距直行针法，如右图所示。在专业的工作室里，刺绣钩针通常被用来串珠。这种工具有点像钩针，通常使用它以链式缝法将珠串与织物缝合。使用这种方法时，穿入小珠子效果会更好。刺绣钩针可以采用链式缝法固定串珠子的线，这样就不用穿过珠子的孔来固定了。然而，如果串珠的线断了，珠子就会瞬间散落。用针单独缀缝的珠子会更稳固（当然这样做很耗费时间）。

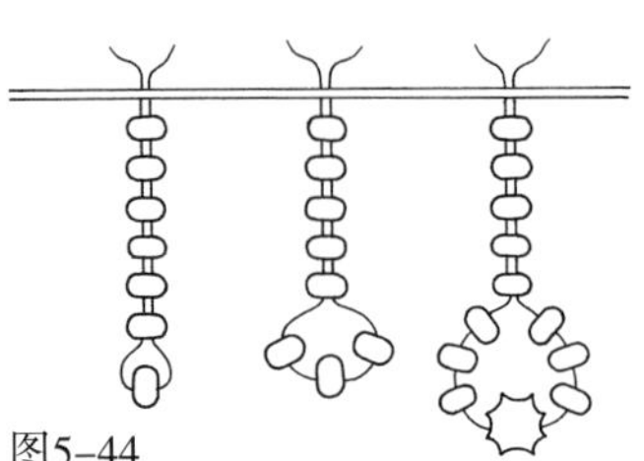

图5-44
流苏针法。

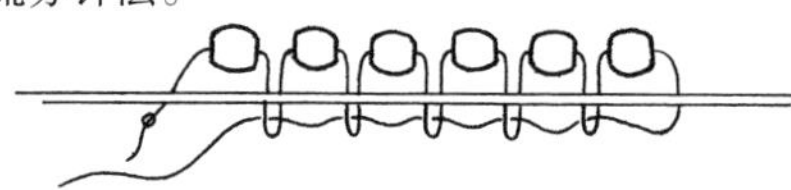

图5-45
整理针法。

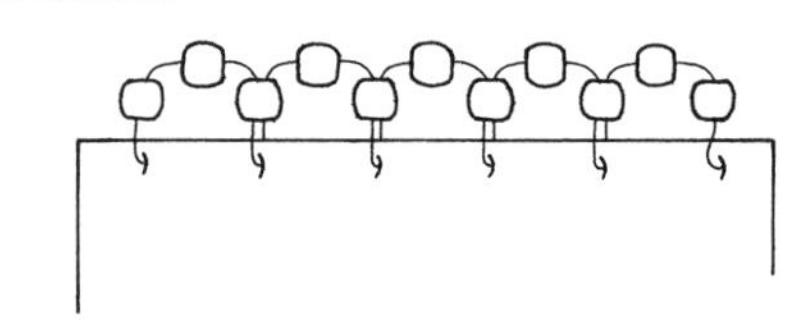

图5-46
锯齿边针法。

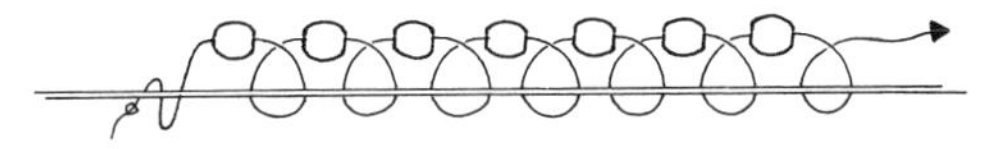

图5-47
倒缝针法。

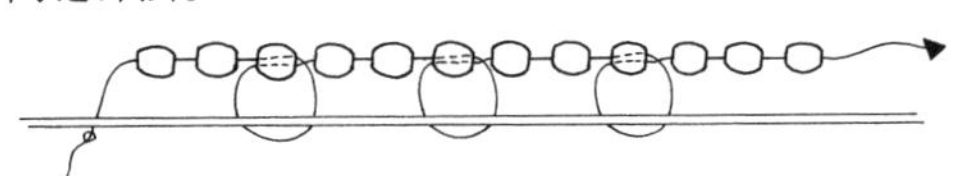

图5-48
穿三珠倒缝针法。

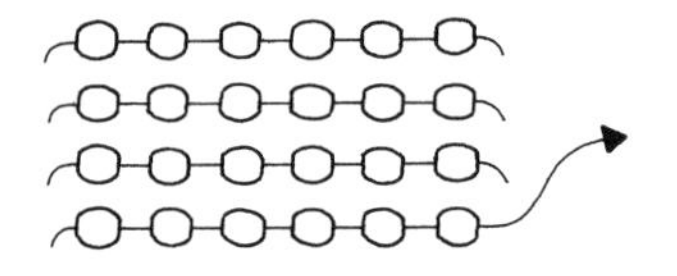

图5-49
平行针法。

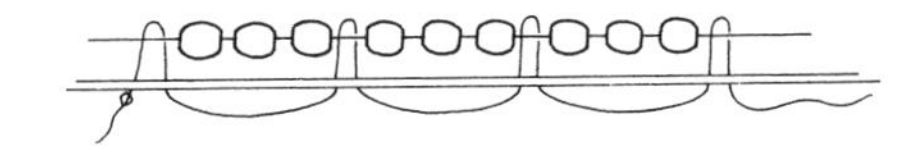

图5-50
贴线刺绣针法。

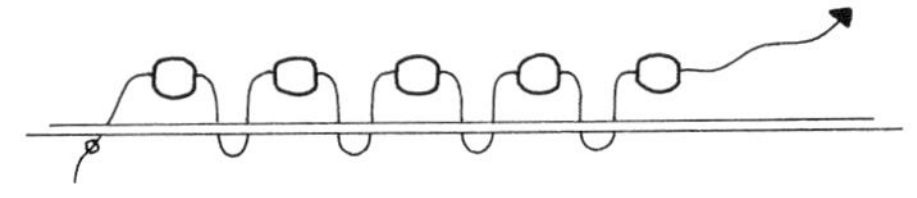

图5-51
直行针法。

图5-52
卡西·格林（Cassie Green）编织的珠绣针织服装，袖子上还装饰着稻草珠子。

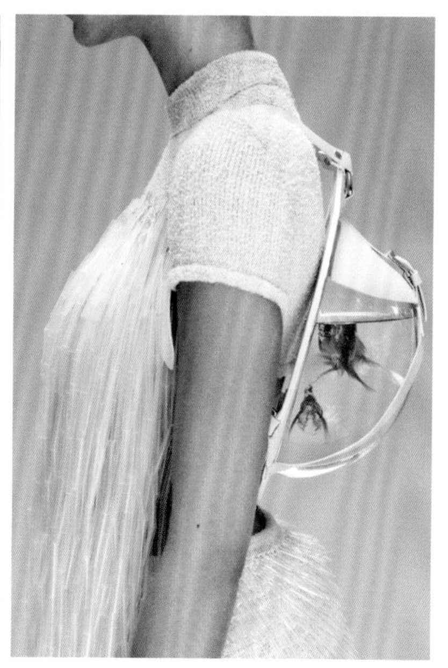

图5-53、图5-54
图片展示了长方形半透明针织串珠编织服装，珠子在编织前先用线串在一起，由卡西·格林设计。

行业实践者：男装 6

本章为男装针织品设计提供了一种令人激动的新视角。它在内容和风格上不同于书中的其他章节，因为它侧重于当代针织品设计从业者的工作实例。

通过大量的设计师案例研究，来展现这个在时尚界精细而复杂的领域。每个案例都是专门研究男装的，并且探索了完全不同的美学。这些案例研究表明，前几章探讨的编织技术可以很容易地用于男装设计。

从历史背景到技术进步的简要概述，向读者介绍了男装设计的概念。并通过对兄弟（Sibling）品牌的前设计师科泽特·麦克里瑞（Cozette·McCreery）的采访，深入了解该行业。通过详细的图片，本章着眼于设计过程，以及如何将主题、概念和影响转化为有价值的男装设计研究资源。

本章使用的所有编织技术都是建立在前几章不断探索的基础之上。通过对男装的尺寸、比例和廓型的考量，服装设计和工艺技能得到发展。

书中会提供一个男装落肩袖的基础板，来让你对男装尺寸测量有所了解，并提供了一个进一步拓展服装板型的起点。

男装是针织品设计中的一个新兴领域，在规模、质地和色彩方面都有令人振奋的发展。各种各样给予人灵感的意象与各种针织技术应用的深刻信息有机结合，这意味这一章节将激发出你的兴趣，并提升你在男装设计领域的鉴赏力。

图6-1

设计师阿比盖尔·库普（Abigail Coop），诺丁汉特伦特大学毕业生，2017年毕业时装秀的亚军，针织服装类金奖得主 。

她的研究以玩偶和泰迪熊作为最初的灵感。而她的超大号型针织套头衫，体现了装满填充物的泰迪熊以及缝合线崩开的概念。

历史背景

针织服装在很长一段时间里一直是男士衣橱中固定制式的服装。从展现个性化针织花型的渔夫套头针织衫、阿兰针织衫和根西针织衫，到战争时期军人穿着的粗羊毛编织的针织衫，再到传统费尔岛马甲，这种马甲在20世纪30年代被温莎公爵穿着并成为时尚。温莎公爵以其无可挑剔的品位著称，这使他成为男装潮流的引领者。

经典的针织服装也在20世纪60年代出现，并由Mods（这个词来源于现代主义）流行起来。他们典型的着装是穿着马海毛质地双色的修身套装，以及带纽扣的衬衫和编织精细的针织衫。

萨维尔街（Savile Row）的许多裁缝销售经典款型的针织背心、针织套头衫和针织开襟搭配衬衫、领带和西装。以战壕风衣闻名的经典品牌博柏利（Burberry）也为每个男装系列专门开发了主要针织服装。20世纪70年代，设计师保罗·史密斯（Paul Smith）在英格兰诺丁汉的一家小店开始了他的男装生意；他现在是英国最有影响力的男装和女装设计师之一，发展了自己的品牌和标志性风格，包括独特的印花和针织服装。

> “你可以在任何事情中找到灵感。如果你找不到，那就是你没好好找。”
>
> ——保罗·史密斯

双性概念的背景

双性概念在时装设计中是一个反复出现的主题，而针织衫也成功地适应了这一概念。当前的趋势是超大廓型，这一趋势适合超大号型的针织套头衫，这种针织衫男女都能穿。女装设计师让“男友套头针织衫”一词流行起来，这让人想起玛丽莲·梦露（Marilyn Monroe）的著名形象：她只穿了一件宽大的手工针织套头衫，除此之外别无他物。采用男性服装来平添女装的性感。

“雌雄同体”这个词给了设计师们一个机会，让他们在过去的岁月里不断拓展界限，模糊了传统认知中的男性和女性之间的界限。20世纪70年代的朋克摇滚歌手经常穿着蓬乱的套头针织衫，特意采用空针编织的浮线，还有刺猬头和立体妆容的趋势，男孩和女孩都如此装扮，这些套头针织衫帮助模糊了性别之间的界限。

20世纪70年代初，随着马克·博兰（Mark Bolan）和戴维·鲍伊（David Bowie）等魅力十足的摇滚艺术家的出现，双性概念也开始流行起来。他们通过音乐的影响，对传统的男式服装提出了质疑。日本设计师山本耀司（Kansai Yamamoto）受日本歌舞伎戏剧（Kabuki Theatre）的影响，为鲍伊设计了标志性的单片针织套装，这进一步影响了其他艺术家的风格，比如80年代的歌手乔治男孩（Boy George），以及新浪漫主义潮流风格的发展趋势。

今天，设计师们仍然被上文所提到的无处不在的影响所牵引。在男装设计中，不同的潮流可以并存，本章的设计师案例展示了各种各样的风格，从帕·伯恩

（Pa Byrne）的传统但带有都市气息的男装针织衫，到肯德尔·贝克（Kendall Baker）色彩明快的蕾丝和钩针编织的双性针织衫；只要设计和质量好，市场上就有它的空间。

图6–2
1973年，大卫·鲍伊（David Bowie）穿着不对称针织紧身连体裤，由山本耀司（Kansai Yamamoto）为他的阿拉丁·塞恩之旅（Aladdin Sane tour）演唱会设计。

访谈

科泽特·麦克里瑞（Cozette McCreery）

科泽特·麦克里瑞是多个品牌的顾问设计师，尤其以兄弟（Sibling）品牌的创始成人而闻名。这个品牌以其充满活力的、年轻的、有方向性的作品而闻名，从2008年创立到2017年，它不断突破界限，推出各种各样的季节性系列产品，直到2017年，就像当时的许多其他小型企业一样，它受到了经济紧缩的不利影响，不得不关闭店铺。科泽特坦率地谈到了这个品牌是如何建立的，并对这个行业给出了自己的见解。

你的设计背景是什么？你是怎么认识希德·布莱恩（Sid Bryan）的？你为什么想成为设计师？

我和希德在贝拉·弗洛伊德（Bella Freud）家见过面。贝拉是皇家艺术学院研究生展的嘉宾，带着宣传册回来了，而希德的作品脱颖而出。她当时正与约翰·马尔科维奇（John Malkovich）合作拍摄一部短片，需要她为一些针织展示品出主意，于是我们让希德接受了采访。他给我泡了一杯茶，这就是我们工作关系的开始。

尽管我们都想做点什么或者参与一些有创意的事情，但我们一开始都没想过我们会成为设计师。我们都非常擅长进入商业领域，并且在不曲解设计师的作品、愿景或品牌形象的情况下去诠释设计师的代表作。我们认为这是一种了不起的能力。

兄弟（Sibling）的出现，就像顺手拈来一样。它最初只是一个项目，然后自然而然地就发展起来了。

你以采用实验法来实现针织服装而闻名，你如何来形容你的代表作？

大胆的、针织的、有趣的。当我们刚开始的时候，我们在技术上投入了很多。希德（Sid）非常痴迷于技术和结构，而这些知识和热情会慢慢消退。而我负责销售，很快就发现买家，也就是消费者，虽然对故事背景很感兴趣，但并不在意。这让我们重新思考我们是如何工作的，如果最终的结果是一样的，但过程更简单，我们就这样做。尽管如此，这种工作方式并不适用于所有服装，我们的发布会服装是真正充满爱的劳动，不仅很耗费时间而且从起点开始就是我们亲自实践的，此外参考物也总是来自针织品。

你的工作有什么新的方向？你的灵感是什么？

这取决于，其一：服装适应的季节；其二：什么能够激发我们两人的灵感。报告文学意象、青年部落、俱乐部文化和音乐是不变的主题。它可能给人的感觉有点像轰动的演出或青少年的卧室，但那就是我们所喜欢的。我们很合群，一贯如此，朋友和志趣相投的人都很符合我们的设定。让你的角色融入你的品牌是件好事；我们觉得这让人感觉更真实。

据我所知，希德还曾担任过其他品牌的自由设计师，比如亚历山大·麦昆（Alexander McQueen）。如何使你的品牌设计工作与同其他设计师工作时，有不同的创造性？你喜欢以多种方式工作吗？

麦昆（McQueen）、吉尔斯（Giles）、乔纳森·桑德斯（Jonathan Saunders）、希勒·巴特利（Hiller Bartley）、维多利亚·贝克汉姆（Victoria Beckham），是的，他在他们的秀场上的工作就像他与贝拉合作一样。我也做顾问，但更多的是策划、调研、品牌塑造和主题，所以可能那么富有魅力（笑）。说实话，这和我们在兄弟（Sibling）的工作方式没有太多不同。无论我们是在T台还是在大街上做咨询，我们总是为品牌工作。我们总是问："这是兄弟吗？这个够兄弟吗？"虽然有时我们会感到心碎，因为我们可能很喜欢某个作品或想法，但答案可能是"不"。

如今的创意产业为志同道合的设计师提供了许多与项目合作的机会，比如时装、电影、音乐和纺织品。你与朱迪·丹恩（Judy Blame）合作设计了你的时装系列；合作是如何提高创造力的？

品牌兄弟（Sibling）的命名是因为我们想和其他有创意的人一起工作；这就是我们的精神。这是一种让友谊走得更远的想法。和你的朋友交流想法也是非常有趣的。朱迪，我从19岁起就知道了，是通过DJ Fat Tony和设计总监迈克尔·纳西（Michael Nash）的合伙人，还有Sid（他比我年轻）我是单独认识他的。兄弟曾与艺术家诺贝尔与韦伯斯特（Nobel & Webster）、普雷·伊芙（Pure Evil）、吉米·兰比（Jim Lambie）以及造型师凯蒂·格兰德（Katie Grand）和马修·约瑟夫（Matthew Josephs）合作过。我们制作过艺术编织、短片、动画以及各种各样的附属品。

经营一家小型创意时装公司最主要的挑战是什么？你对未来有什么计划？

兄弟品牌将男女装合并，并同台发布男女装。说实话，自2012年我们在萨默塞特宫举办凯蒂·格兰德（Katie Grand）设计的秋冬发布会以后，没过多久我们就回归了更传统的发布会日程，因为媒体和买家仍在按照这个日程工作。男女装同台发布给了我们很多自由，我仍然相信这是有意义的。看看其他紧随其后的品牌：维特萌（Vetements），威斯特伍德（Westwood），古驰（Gucci）——这是一个集体的灵光一现的时刻。这也大大降低了样衣和走秀的成本。走秀要花费一大笔钱，而展示通常也一样昂贵。我认为事情必须改变，设计师和品牌在展示新系列时必须更有创意一点，尤其是当你刚起步或规模相对较小的时候。如果走秀这种方式并不适合你，你没必要一定要举办发布会。作为一种展示的方式，它几乎让人感觉已经过时了。好吧，这是有吸引力，但时尚发布会的工作日程似乎完全与消费者脱节，我觉得是时候推出一些新的东西了。也许是时候休息一下，并对我们提供的服务多一些了解了。就连这种"即看即买"的做法也是有问题的，我认为塔库恩（Thakoon）和汤姆·福特（Tom Ford）都正在质疑这种商业模式的未来。

小型织造企业所面临的困境来自英国脱欧带来的额外压力，以及当今世界的所有不确定性。我们的海外买家变得非常谨慎，已经触及了我们本已狭窄的底线，以美元或欧元支付的工厂现在更贵了。没有利润，你怎么发展你的事业？ 事实上，这意味着你不是在经营一家企业；这是伪装成像是在做生意的昂贵爱好。此外，个人所得税收也有所增加，东伦敦的企业有望增加300%。每个人都受到打击，谁来承担这些费用？ 消费者？值得怀疑的是，当我们如此大打折扣，而互联网却能精明的检索时，我不想这么说，但我不认为明年我们会是第一个离开时尚圈的品牌。

我们的档案存放在金斯顿大学（Kingston University）。我们与埃莉诺·伦弗鲁（Elinor Renfrew）及她的团队（由萨曼莎·艾略特（Samantha Elliott）领导达成了协议。一旦被编入目录，服装或外观形象可能会流向巴斯和威斯敏斯特。汉堡的一家博物馆已经展出了三个完整系列的时装发布会服装，大都会博物馆也展出了一个系列。然而，在金斯敦大学录入兄弟品牌，意味着学生们也可以看到这些作品，就跟在博物馆一样。我们非常感谢埃莉诺的远见卓识。同样重要的是，兄弟品牌的服装在法律上仍然属于我们。

你能给刚进入时尚针织品设计行业的毕业生一些建议吗？

获取经验。人们有巨大的动力去毕业、成为明星、走秀。我们的建议是，你不要这样。你需要从别人的成功和失败中获得经验，观察、学习并建立联系。好吧，是的，有些人似乎是直接从大学毕业就成为国际巨星，但这些人凤毛麟角。有一长串令人沮丧的“本季最热的东西”已经从地球上消失了。这个行业已经改变了，一旦你可以做一个展示，那就是你的公共简历，一家大的设计公司就会把你招进来。越来越多的不那么张扬的毕业生，他们可能没有受到媒体或他们的课程主管的关注，然而他们悄悄地开始了一份工作，并在那里留下了自己的印记。这是值得思考的。时装秀、电影甚至是发布会都是很昂贵的，不要让别人告诉你，尤其是关于发布会，它往往比时装秀更昂贵。你需要获得一些经验，在为别人工作时为自己建立良好的声誉，获得企业工作背景。这些人通常会成为前设计助理。如果你想快速发光发热，那就去做吧。最终，这取决于你自己，不是吗？

图6-3
悲伤的泰迪，2015年秋冬发布会压轴服装。

图6-4
兄弟品牌，2015年发布会谢幕。

图6-5
服装一：工作室制作的走秀服装
针织机编织的花式纱褶边，手针将其缝在花式纱编织的超大号型针织服装上。
卢勒克斯牌织物制作的针织骑车短裤，裤子缀有礼服装饰边。
服装二：
高迪的设计，使用Pinori纱线手工编织斑马纹。在欧洲制作完成。
高迪的斑马纹马赛克、卢勒克斯牌织物、提花针织短裤在中国制作完成。
巴鲁法纱线制作的夫人领。在品牌工作室制作完成。
服装三：
高迪采用巴鲁法纱线用手工钩针制作的毛衣。在欧洲制作完成。
雷克斯针织机编织的骑行短裤，在品牌工作室制作完成

图6–6
服装一：加利福尼亚树叶涂鸦图案的提花开襟针织衫。
加利福尼亚树叶涂鸦图案的提花针织短裤。
在中国制作完成。
服装二：工作室制作的走秀服装。
毛巾布连体衣，采用Baruffa纱用针织机制作的打底服装，缀有手工制作的成簇的贴布绣树叶图案，以及手工装饰亮片。
由工作室制作。
服装三：工作室制作的走秀服装。
毛巾布泳池外套，采用Baruffa纱用针织机制作的打底服装，缀有手工制作的成簇的贴布绣树叶图案。
具有兄弟品牌团队人员字母组合的毛巾，采用Baruffa纱用针织机制作的打底织物，装饰有手工印制的兄弟品牌标志。
由工作室制作。
服装四：工作室制作的走秀服装
超大号型网眼夹克，缀有手工制作的成簇的贴布绣树叶图案以及手工装饰亮片。
绞花棒球衫。在中国制作完成。
琳达·法罗（Linda Farrow）为兄弟品牌设计的之字形太阳镜。

设计师案例研究

帕·伯恩（Pa Byrne）

帕·伯恩是毕业于英国诺丁汉特伦特大学时尚针织品专业的文学硕士。他现在是荷兰加西亚牛仔裤公司的男装针织品设计师。

他的研究生毕业设计系列名为《家》（HOME），是对针织品工艺的探索，他尝试将传统与科技相结合，应用于制作当代商业化生产的男装系列。他的灵感来自对原版照片的研究，将对20世纪七八十年代爱尔兰社会身份的认同和青年文化的探索，和他从母亲和祖母那里继承下来的个人编织遗产结合起来。

概念/灵感/设计方法

伯恩研究居民的社会身份认同，这些人居住在爱尔兰都柏林郊区一个臭名昭著的住宅区里，该住宅区由七座塔楼组成。早在20世纪60年代之前，这里就有了住户，原始的图像为针织男装系列提供了丰富的灵感 。他还探索了这项研究如何反映了莎士比亚的“人类的七个时代”的理想。他利用这项研究来指导设计过程，编织技术如何强化或解构，都取决于它所代表的“七个时代”的具体阶段。

虽然伯恩很小就学会了手工编织，但爱尔兰的传统编织正在走向衰落。他将传统技艺与现代技术相结合应用于针织服装，采用手工工艺制作服装，同时探索通过针织机器仿进行复制编织。他认为，为了振兴爱尔兰的针织行业，需要有一定程度的开放，以适应变化，并接受新技术，以便向前发展。希望随着越来越多的学生选择针织品专业，可以使传统针织获得更多的吸引力。

工艺使用/机器

他的《家》系列作品由斯托尔（Stoll）和岛精（Shima）电脑横机、工业手摇针织机（双针床）以及手工编织制作而成。他获得了著名的传统羊毛纱线供应商英国诺儿（Knoll）纱线公司的赞助。他在整个作品中使用了70%的羊毛，另外30%是由英国羊驼毛和意大利棉纱制成的。唯一使用的合成材料是乙烯基，他将乙烯基与羊羔毛提花织物复合，制作出一种双面面料。这个系列服装中使用的工艺有：羊毛缩绒工艺、条纹组织、拉针组织和移圈组织。

图6–7
帕·伯恩的针织服装时尚大片，展示了城市主题。

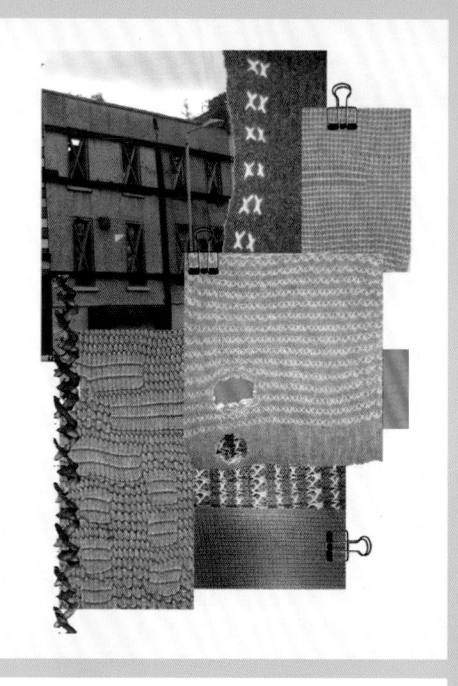

图6-8～图6-11
帕·伯恩的设计开发板，展示了主题、概念信息收集、色彩板、针织和手缝样片的开发以及服装设计的理念。

图6–12
帕·伯恩的设计开发板，展示了几何针织样片的技术调研。

图6–13
帕·伯恩的针织服装时尚大片，展示了城市主题。

设计师案例研究

埃拉·尼斯贝特（Ella Nisbett）

埃拉·尼斯贝特本科就读于英国诺丁汉特伦特大学时尚针织品与针织面料专业，是2015年伦敦毕业生时装周最佳针织服装奖和最佳男装奖的得主。

她的毕业设计系列名为“帕帕·文巴”，以刚果音乐家的名字命名，赢得了2015年毕业生时装周的两个奖项，这个系列作品的成功在于它将创造力和走秀的高度影响力与易于商业化的潜力和适于销售相结合。这个系列的描述如下：

“帕帕·文巴”是对男性身体及装饰的颂扬，对赋予装饰感男性形象的重塑。它受到亚文化的启发，融合了反叛的态度和颓废的审美，抓住了当代的时代精神和自信，并将其表达在当代男装中。丰富的配色，超大的轮廓与纤细的图案和豪华的材质形成鲜明的对比，创造出一个独特的外观。让人想起了奢侈的左特套装、优雅的绅士服装和传统的非洲服装。装饰物和装饰品是不可分割的，这与社会传统意识形态中的男性认知相冲突。同时，对于比例、位置、范围和细节的细致考量，维系着一种形式感和精细感。调和了传统与变革、微观和宏观、活力和单调、热烈和优雅。

概念／灵感／设计方法

这个系列主要受到两个亚文化群体的影响：20世纪40年代的华丽派和刚果的萨佩尔（Sapeurs）。这两个群体都使用奢华的服装风格为战胜逆境的标志，也作为反对在极端贫困和政治动荡情况下建立政权的信号。

兼收并蓄的风格，强烈的色彩和漂亮剪裁吸引了尼斯贝特的注意力和想象力。她们用独特的服装来传达更深层次的表达和愿望，这促使她进一步思考男性如何利用服装来表达自己和身份。服装作为一种具有力量的象征性视觉符号，个人可以通过它进行交流。更重要的是，服装可以显示出在社会中社交和政治的忠诚度。战后的亚文化尤其起到了传达反抗、政治宣言、志向、男子气概和归属感的作用——摒弃了传统的着装规范。

尼斯贝特的时装系列最重要的目标之一，就是重塑男性着装的美感。这看起来是以一种装饰性的方式，实际是以一种强硬、叛逆的态度和朴实的状态来支撑他们对服装的选择。

工艺使用 / 机器

这一系列作品采用了高质量的细针型纱线。使用来自意大利纱线品牌比耶拉的美丽诺羊毛以及100%桑蚕丝和优质羊绒纱线，通过12针和14针的工业手摇针织机编织而成。针织浮线组织和拉针组织经延伸设计，被用于创造混合组织花型，来模仿漂亮的机织真丝面料。

当这些精细的针织面料被蒸汽熨烫后，纱线的性能变得非常光滑和平整，手感更接近于机织物。

通过这些面料，尼斯贝特可以采用漂亮立体的裁剪来创造出廓型丰满的左特套装风格的裤子。

提花和条纹在这个系列中也特别重要：条纹通常要与整套服装的长度相协调。这是很奢侈的，因为她需要从头开始构建面料。她需要很仔细地测量条纹的位置及其在身上的比例，就像在豪华定制服装中看到的那样。

她的标志性风格可视为装饰性和观赏性，将醒目的色彩与图案、布局、比例相组合，平衡是势在必行的。在这个系列中探索的其他纺织品工艺有：植绒印花，纱线的黏合与染色用来补充和强化针织品效果。

图6-14
艾拉·尼斯贝特的毕业时装秀系列。

图6-15
艾拉·尼斯贝特设计的裤子，使用了针织条纹组织和植绒印花技术。

图6–16
艾拉·尼斯贝特设计的超大号型服装，使用了针织条纹组织和植绒印花技术。

图6–17
艾拉·尼斯贝特：服装搭配超长围巾，使用了针织条纹组织和植绒印花技术。

图6–18
艾拉·尼斯贝特：搭配服装，使用了针织条纹组织和植绒印花技术。

设计师案例研究

本·麦克南（Ben McKernan）

本·麦克南是毕业于英国诺丁汉特伦特大学时尚针织品专业的文学硕士。他现在是一名擅长针织服装工艺的自由设计师和顾问。

作为一名针织工艺设计师，麦克南正试图填补针织品设计市场的空白；在与斯托尔（Stoll）和岛精（Shima）的电脑横机打交道时，针织品设计师往往倾向于与技术人员合作，然而这往往会导致设计师意图的误解。麦克南是一名了解这些高科技机器的设计师，因此他可以在与同事一同设计或交流时利用这些知识。

他的工作是调研针织技术是如何通过改变材质、纱线以及技术应用，来将运动概念应用在男装设计中。检验纱线与工艺的组合，来探索着装方式对着装者感受的影响以及着装者皮肤的感受。

概念／灵感／设计方法

麦克南的灵感来自经典针织机技术的飞跃以及针织机器工业的变化。近年来，针织技术不仅仅应用于时装，还应用于医疗、运动装、建筑、家纺产品以及家具。

他认为，即使有了新的技术进步，人们仍然不能全面理解在设计领域中什么是可能的，以及这种新技术可以实现什么。斯托尔（Stoll）和岛精（Shima Seiki）这两家公司都在这一市场上取得了突破，引领性的时尚品牌很快就利用这项技术开发出了自己的标志性针织品风格。

耐克（Nike）和阿迪达斯（Adidas）等运动装品牌投入了大量时间和资金，首创用于制作运动鞋的高科技纬编针织物，四针床的电脑针织机，可以让他们省去裁剪和缝制的过程。

麦克南认为，设计师和技术人员之间存在着知识鸿沟。虽然设计师没有必要完全理解像飞织鞋子这种技术的复杂性，但为了能够有效、创新地设计，有必要理解技术的进展。

为了实现真正的创新，麦克南首先通过在双针床的工业针织手摇针织机上进行开发和生产，让自己能够对电脑横机的最新技术有所了解。使用新技术和旧技术对他来说都很重要。

他的目标是将手工艺转化为高科技机器工艺；将新旧时代精神结合在一起，创造出一些不同的东西，但这些东西依然紧密相连。他研究生时期，以当代针织服装工程技术设计的男装系列，将成型针织技术（在针织机上编织出板型）和运动装作为灵感，并且采用了更广泛、更兼收并蓄的美学，这种美学是受他自己的文化传承以及当代艺术家（惯于使用几何印花和廓型）的影响。

他的作品系列的名字是仪式（Ceremony），灵感来自复古运动装，以及竞技运动中穿着时装的仪式活动。这种庆典美学在附加自信的同时也逐渐将恐慌灌输给对手。

工艺使用／机器

麦克南把针织技术的研究和开发放在了这个服装系列的首位。技术的研发首先依托于工业手摇针织机，其后设想在可用于斯托尔和岛精电脑横机的计算机辅助设计系统上得到推进，他的目标是继续增加用于服装板型的纸样裁剪知识，以及电脑横机编程技术知识，为了更好地了解该技术功能，最终能够作为设计师、针织物程序员和开发者来工作。

他将不同的机器和不同的编织技术结合在一起，使他有机会在针织编织结构上有所突破。将针织物应用于运动装通常与机织工艺，或与针织圆机上编织的莱卡相结合。他更感兴趣的是创造一种更宽松、更舒适的男士休闲装。他通过探索罗纹组织和双罗纹组织来创造类似波浪的效果，运动网眼面料、成型针织工艺、局部编织工艺以及针织提花组织设计的双面面料。

麦克南设计手册主要调研包括寻找图案资源，如不同视觉效果下的几何图案，其后使用这些图案做拼贴画来引导设计进程。重点是收集材料，并再次使用它们来创建拼贴画，以得到服装设计的细节，如衣领、领口和罗纹。

材料／资源

耐用性和可持续性是麦克南做这个服装系列的纱线研究时，所考虑到的因素。天丝是一种应用广泛的纤维。它是一种天然的、可降解的人造纱线，由纯化的木浆纤维素制成，是100%的植物纤维。它具有良好的透气性，这对于时装和运动装都很适用。这是麦克南作品使用的主要纱线。

他选择的另一种纱线是将美利奴羊毛与聚酯混纺纱线，以增加纱线耐用性和弹性。美利奴羊毛柔软，自然透气，即使在潮湿的情况下也很温暖；美利奴羊毛可以调节体温，又温暖又轻薄，在你运动的时候可以自然地控制体味和拉伸度。它被广泛应用于具有环保意识和追求高品质面料的户外服装。

麦克南还使用了用于防水设计的特殊精纺毛线，处理这些纱线的技术有点类似于博柏利风衣，除了材质是羊毛以外，这些纱线极其紧密并且具有不同的功能。麦克南已经开始探索将这些针织物粘在外穿服装上的想法。

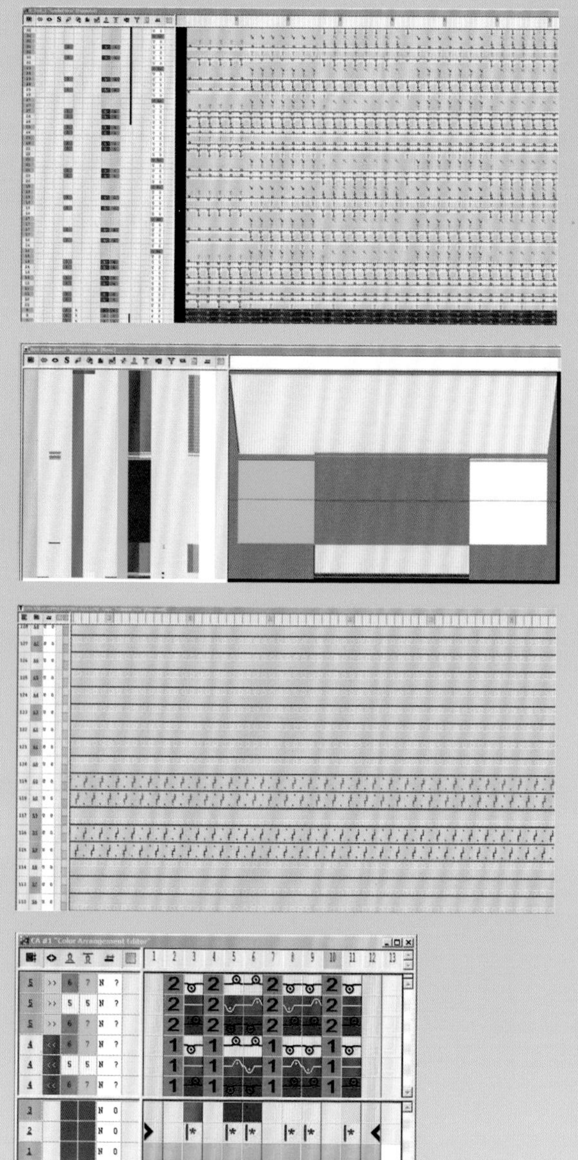

图6-19～图6-22
本·麦克南的一系列图片展示了针织电脑横机技术编程的复杂性（显示了色彩、条纹和纱线分配）。

图6-23
本·麦克南设计的不对称条纹服装，使用了科技纱线。

图6-24、图6-25
图片展示了本·麦克南的标志性条纹，这些条纹出现在以各种科技纱线制成的服装上，包括单丝。

设计师案例研究

拉塔莎·哈蒙德（Latasha Hammond）

拉塔莎·哈蒙德毕业于英国诺丁汉特伦特大学，获得学士学位，主修针织时装与针织面料方向，现为自由针织服装设计师。

哈蒙德的服装系列的灵感来自位于非洲中部库巴王国的库巴艺术和苏瓦纺织。库巴王国传统的大胆的图案和肌理为她的设计提供了灵感。主题的许多方面都将设计导向手工制作的元素和大量华丽的图形碰撞。在她的作品系列中，可以通过玛瑙贝壳的使用和以梭织为灵感的针织物看到他们的直接联系。此外，现代的影响，如约瑟夫·弗朗西斯·苏梅尼（Joseph Francis Sumegne）的作品，激发了她对更多非传统材料和色调的使用。

概念／灵感／设计方法

这个名为"库巴特质"（KUBA TRAIT）的系列提出了一些关键词，用于设计调研以及针织工艺和服装最终效果的研发：搭配、祖先、大胆、新奇、民间、装饰、改良。

这些词让研究有了更集中的焦点，并进一步推动了概念的方向，用于在作品中创造大量的肌理和图形元素。

哈蒙德的作品提出了一个传统的而华丽的色彩模式，以及一些对比强烈的珠饰点缀、图形图案和肌理表面。融合和图形混合的趋势也影响了她的绘图、取样和样品制作的方法。

在服装创作过程中，设计廓型是超大的箱型，具有角度和交错的下摆线，灵感来自非洲几何图案。

哈蒙德的目标是唤起海外土著部落的意识，并以此来强调他们的部落价值、道德、手工制作的原始机织和串珠工艺，以及对华丽工艺品的欣赏。

她通过设计手册来设计开发，其中包含使用一系列非传统的创作工具，用于得到人造物不能实现的品质。其他关键的灵感来自当代非洲艺术家约瑟夫·弗朗西斯·苏梅涅和摩西瓦·兰加的作品（Moshewa Langa）。

通过认识过去和现在的影响以及非洲的起源，一个独特男装系列的出现便出现了。

工艺使用 / 机器

哈蒙德意识到设计的责任，致力于推广天然纤维，如棉花和羊毛。服装系列通过重量和材质的混合使用来达到戏剧化的对比效果。通过家用针织机编织服装反映出，这个衣服系列的制作采用了可持续的方法。服装采用针织成型方式造型，没有任何不必要的锁边以及裁剪产生的废料。

这一服装系列的制作采用了各种各样的机器，以拓展不同的使用技术。家用针织机和双针床工业手摇针织机与电脑横机一起使用，为探索不同质量和纱线的使用创造了机会。彩条、费尔岛和提花等针织工艺的使用，与衬垫组织、流苏以及衬纬组织形成对比，可得到编织机型在2.5针到10针范围内的针织物。

装饰主要集中在围巾、打底裤和侧缝线上，这样既能显示装饰效果，又能让人活动自如。

图6-26～图6-29
走秀图片展示出拉塔莎·哈蒙德设计的分层服装，衣服上有不同颜色的条纹：红、蓝、黑、白、红。服装系列已经探索了许多编织技术，包括条纹、编织、镶边和电脑横机图画提花图案。

设计师案例研究

玛蒂尔达·德雷珀（Matilda Draper）

玛蒂尔达·德雷珀毕业于英国诺丁汉特伦特大学，获得针织时装与针织面料方向学士学位，现在为品牌保罗·史密斯（Paul Smith）工作。

什么样的丧钟，为如牛马般惨死的人们响起呢？
只有毛骨悚然的短枪怒吼之声
只有喋喋不休的长枪结巴之声
可以仓促叨念出他们的死前祈祷
没有虚伪的诵经，也没有祈祷和教堂钟声
没有哀悼的歌声，也省却丧礼的合唱诗班
号啕痛哭的炮弹，尖锐疯狂地齐声共鸣
悲哀的碉堡中，传出号令他们冲锋与撤退的军号
威尔弗雷德·欧文（Wilfred Owen）《献给夭折青年的挽歌》1917年

这个名为“无人区”（No Man's Land）的服装系列，灵感来自第一次世界大战，它将历史与心理学内容结合在一起，用于拓展男装的边界和提升针织纺织品的性能。深色调的搭配唤起了一种沉思的信息，从战争中传达出的阳刚之气与女性编织形成对照。

德雷珀主要的调研为，在狂乱的患战争疲劳症的精神状态下，对比针织编织的疗愈效果，以及如何通过针织组织来表现这些内容。艺术家麦基·汉布林（Maggi Hambling）的系列画作《受害者》（2014），为设计提供了进一步的灵感，她的作品研究战争的受害者，她的绘画风格唤起了疯狂的精神状态。军装也是一个重要的探索领域，使得最终的服装从形制、细节和多样的功能性中汲取灵感。军装不仅在战争中为战士保暖和提供保护，而且也被当作更为正式的服装穿着，来震慑敌人，同时赋予穿着者身份。

概念／灵感／设计方法

德雷珀为这一系列服装做的最初研究，始于她自己的家族史，她查阅了很多参加过第一次世界大战的先者的照片、信件和日记。这为后人了解那些时代的人们是如何战斗和生活提供了基础。她还参观了曼彻斯特的帝国战争博物馆，深受到制服的启发，并近距离看到织物的品质，这是无法通过照片完全理解和分析的。

纪录片、文学作品和战争诗人的作品让人们更好地理解了“弹震症”这个单词的含义，以及士兵们是如何受到影响的。德雷珀执着于展现士兵内心的混乱，士兵所承受的心理伤害，并调研针织编织的疗愈效果，那是基于对节奏和行动带来的平静、舒缓感觉的关注，以帮助士兵重新获得心理和身体上的恢复。

她的服装廓型反映出了制服的功能性

和仪式感。她的色彩搭配对于强化不和谐的概念起到重要作用。不同的灰色调，由暗到明，看起来很单调，与白色和橙色的提亮色一起提升了配色。

工艺使用 / 机器

除了在针织机上直接编织外，德雷珀专注于针织物后整理技术，如缩绒、植绒、印花和针刺，以进一步探索针织面料的性能，而不是直接在针织机上编织面料。这些工艺唤起了她最初研究和标记的绘画风格。她对探索材料如何反映和传达意义很感兴趣。她使用的主要是天然纤维，如可做水煮缩绒处理的天然美利奴羊毛和羔羊毛，这些纤维有着奢华的手感。

图6–30
玛蒂尔达·德雷珀毕业设计的毛毡大衣，灵感来自她对第一次世界大战的深入研究，探索了针织提花工艺。

图6–31
玛蒂尔达·德雷珀的毕业作品系列，超大号型多层的针织提花服装，采用了编结和条纹工艺。

图6–32～图6–35
照片展示了玛蒂尔达·德雷珀的设计手册页面，以及一个带有诗歌和设计插图的概念板，传达了她超大号服装的阴郁情绪。

设计师案例研究

肯德尔·贝克（Kendall Baker）

肯德尔·贝克毕业于英国诺丁汉特伦特大学，获得针织服装与针织纺织品学士学位。她是2016年伦敦毕业生时装周最佳针织服装设计奖的得主。

肯德尔·贝克，2016年伦敦毕业生时装周最佳针织服装设计奖的得主，设计了一个完全由英国产针织机、棒针编织和钩针编织而成的服装系列。

她设计的中性男装系列采用鲜艳的棉线和毛线以及各种手工纺织面料制成的。她设计的休闲服装系列包括合身的透明套头衫、飞行员夹克以及塑料和钩针编织的超大号型外套。精细的蕾丝面料与复杂的绞花工艺融合在一起，由填充管制成的超粗纱线，为她提供了不同寻常的肌理面料，让她可以制作出巨大的休闲包。

概念 / 灵感 / 设计方法

她的设计作品背后的灵感总是与自然有关，这个系列密切关注蝴蝶的生命周期和运动。贝克想要捕捉它们动作的流畅性、翅膀的精致性和生命的活力。高饱和度的黄绿、柠檬黄以及桃粉色，混杂了灰色、宝石绿、紫色和黑色，有助于把这个系列带入中性的主题，这与大量使用类似和透明的织物结构高度融合。该服装系列在家采用针织机编织蕾丝的工艺，也具有很高的技术含量，许多技术都达到了最高水平。Sibling和朱利兄弟品牌以及安·麦克唐纳（Julien MacDonald）等设计师启发她将棒针和钩针编织的使用拓展到男装领域，并敢于与众不同。

工艺使用 / 机器

所有的蕾丝工艺都是使用兄弟牌和银笛牌家用针织机制作的。提花组织则使用岛精牌电脑横机制作研发。钩针编织的织片［阿曼达·维尔（Amanda Whirl）］被钩编在一起，与针织物连接并被夹在两篇塑料之间，来以此为该系列服装织造另一种材质。

该系列装以棉线、黏胶人造丝、单丝和毛线为原料，探索了多种针织技术。空针编织和蕾丝网眼被应用于套头衫、裤子和夹克衫。绞花、钩针编织和局部编织工艺深化了服装结构和细节。与塑料复合的针织物为外衣提供特殊的面料；罗纹组织被用于边缘装饰，并通过华丽的刺绣和补花工艺来进一步深化细节。所有的编织都是在标准尺寸的家用针织机上完成的，钩针工具的尺寸也多种多样，从2.5号到7号不等。

图6–36
肯德尔·贝克的中性男装毕业设计作品，使用了黄色蕾丝针织物、复合针织钩针织物的透明塑料层。

图6–37
肯德尔·贝克毕业设计作品中的超大号型服装，紫色的针织蕾丝以及钩针编织的黄色超大钩编包。

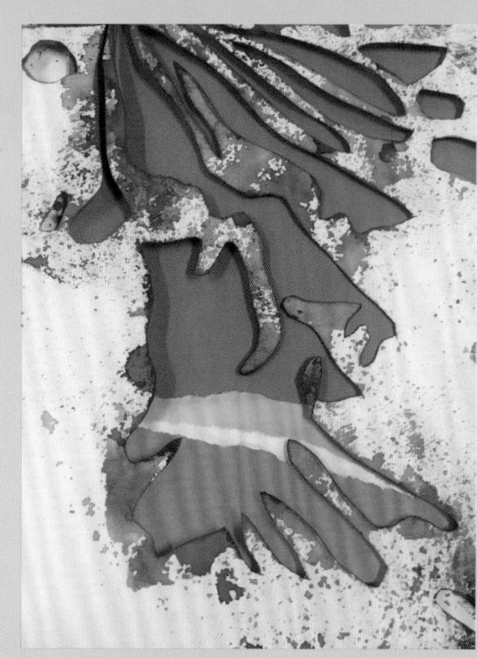

图6-38、图6-39
肯德尔·贝克的艺术作品展示，通过剪裁和标记技术探索色彩搭配和设计比例。

设计师案例研究

卡洛·沃尔皮（Carlo Volpi）

卡洛·沃尔皮毕业于英国皇家艺术学院，获得针织设计方向文学硕士学位。他现在为自己的时装品牌设计服装。

卡洛·沃尔皮的网站上介绍：卡洛一生都在编织。他出生在意大利佛罗伦萨附近的一个小镇上，在纱线和针织机之间长大：他的祖母们都在村里一家很小的针织厂工作，他从她们那里继承了他对手艺的热情。卡洛在金史密斯学院（Goldsmiths College）获得了纺织专业的学士学位，几年后又在皇家艺术学院（Royal College of Art）获得了硕士学位。卡洛是被选出参加现代印花（Texprint）决赛的12名参赛选手之一，并获得了在巴黎举办的第一视觉面料展的最具声望奖。卡洛对所有的手工制品和新的革新技术有着真挚的热情，他经常作为顾问与各种品牌以及意大利国际纱线展（Pitti Filati）的研究领域合作，为他们在佛罗伦萨一年两次的展览开发面料和服装。

2014年，卡洛创立了自己的同名品牌：同年，他获得了由哈博戴斯阿斯克（Haberdashers）和机器针织工（Framework Knitters）公司赞助的奖项，使他能够在驾驶舱艺术（Cockpit Arts）共用工作空间建立工作室。2015年，卡洛被意大利版《时尚》杂志（*Vogue*）的高级编辑莎拉·马力诺（Sara Maino）选中，在米兰时装周上展示他的服装系列……

卡洛·沃尔皮的作品的特点是：鲜明的色彩冲突和针织组织工艺与材料肌理的兼收并蓄。传统的手工工艺被重塑、更新并与最新的时装制造技术融合，创造出专属的限量版作品。他的所有作品都在意大利制作完成。

概念／灵感／设计方法

卡洛2017年的春夏服装系列是由缤纷色彩和超大廓型针织衫呈现的爆炸主题。这个服装系列被称为“家庭女王”（Domestic Queen），它的名字取自20世纪50年代家庭主妇的形象，那时的女性通常被男性陈旧而狭隘言论所定义。这些元素，比如烹饪、清洁和洗涤，通过黏合工厂的热焊接技术是实现创新嵌花图案的灵感来源。结束第二次世界大战的原子弹爆炸也是一个震惊世界的重要时刻，但它使社会能够在几年后重建和平并实现经济稳定。爆炸的概念（原子弹爆炸和经济繁荣）是这个服装系列的核心：利希滕斯坦（Lichtenstein）的绘画作为重要的灵感源，被转化到以嵌花图案呈现爆炸的针织服装上。色彩、几何图形、针织花型也同样是卡洛·沃尔皮的标志：20世纪50年代和60年代流行艺术和广告中鲜艳的色彩成为了细条纹和针织组织的灵感来源。

工艺使用 / 机器

沃尔皮拓展了针织服装的边界，用先进的制造技术更新了传统工艺，然而他对家用针织机情有独钟。他的作品是通过触觉和亲身实践的方法来实现的。他喜欢用家用针织机技术来拓展编织的界线，例如，条纹、打孔针织机图案、蕾丝、空针编织、局部编织以及衬垫组织。

图6-40～图6-43 以流行艺术为灵感，充满几何图案与鲜艳色彩的服装系列，服装包含了精细条纹和针织组织结构。

男装原型板

平面基础板首先要设计成标准尺寸板型。原型板其后会被设计师作为新风格和一系列改良板型的基础，这些板型的调整不会影响原来板型的大小与合体度。与第四章阐述的女装原型板一样，不同类型的服装需要特殊的基础板，举例来说，宽松款原型板和超大号型的原型版都要比合体T恤基础板舒适，更适于做超大号型的套头衫，夹克或外套，并且更容易合体。参见第181页，如何制作宽松的落肩袖上衣样板。

针织板型

当原型板被开发成设计板时，需要适度调整长度、宽度、领口风格。而针织板型是可以被计算得出的。针织板的衣片包含了一系列的针数和行数，可以通过横向和纵向测量针织板型得出，也可以通过针织密度小样得出。

棉质针织面料可以被制作成服装廓型来检查设计的比例，然而针织衣片可能不同于棉质针织面料，需要调整，通常需要反复试验，直到得到完全合适的服装廓型。参见本书第181页，如何制作宽松的落肩袖上衣样板。

制作针织板型

示例图展示的是宽松的V领落肩袖板型，如果需要的话，这种板型可以很容易地变成一个平面的和服板型。罗纹带子，如下摆、袖口和领边，必须能够拉伸并紧贴身体，测量制作罗纹所需的针数，再测量服装相应部位的长度来得到罗纹织带的长度。当罗纹背编成织带，它将随着织物自动拉伸来贴合身体。

每片针织物的弹性都不同，这取决于纱线、织物密度以及使用的针织工艺。制作之初要编织密度小样。编织一些密度小样，直到得到你想要的外观和手感的织物。每种纱线和针织组织都需要编织小样。

针织服装工艺图有助于你计算针织服装工艺。这个图不需要按比例画，但需要在图上标注长度和宽度尺寸。标准合体的服装通常会在宽度上增加5厘米来增加着装舒适度。更多的松量会被添加在宽松的落肩袖板型上，用于创造超大号型的服装。

测量尺寸

如果可以的话，给穿你所编织服装的人测量一下实际的身体尺寸，除非你在做标注按尺寸的服装，构建一个基本的服装板型需要测量以下数据（适合胸围100厘米的标准尺寸测量样板已经给出）。

测量现有衣服的尺寸可以帮助你设计作品的尺寸，比如超大号型服装的长度和宽度。

- 胸围：环绕胸部最宽处一周来测量尺寸（标准尺寸：100厘米；宽松板型的尺寸：124厘米；测量1/4胸围尺寸，31厘米）。
- 身长：测量后颈点到自然腰围线尺寸。可以根据需要增加长度（标准尺寸：44厘米，宽松板型的尺寸：46.5厘米）。
- 服装长度：由设计师确定（用于宽松板型的尺寸：80厘米）。
- 后片胸宽：测量后片腋点到腋点间的距离，然后将这个尺寸减半（标准尺寸：25厘米；宽松板型的尺寸：31厘米）。
- 袖窿深：从肩点到腋下侧缝处。这一长度可根据需要变化（标准尺寸：25厘米；宽松板型的尺寸：29厘米）。
- 颈围：测量脖子根部一周的尺寸（标准尺寸：40厘米；宽松板型的尺寸：40厘米）。
- 后领宽：过后颈点，测量一侧肩线与领边交汇点到另一侧肩线与领边交汇点间的距离（标准尺寸：18厘米；宽松板型的尺寸：18厘米；1/2后颈宽度尺寸：9厘米）。
- 前领尺寸：从脖子根部，经颈窝点，测量一侧肩线与领边交汇点到另一侧肩线与领边交汇点间的距离（标准尺寸：22厘米；V领尺寸由设计师确定）。
- 前领深：测量从颈窝点到大身前中线上一点的尺寸。（标准尺寸：23厘米左右；宽松板型的尺寸：23厘米；应用在原型板上的尺寸：29厘米）。
- 肩斜：测量从领底到肩点的尺寸（标准尺寸：17.5厘米；落肩袖宽松板型的尺寸：22.5厘米）。这一测量尺寸会受原型板胸宽的影响，并且可以更具需要变化长度尺寸。
- 袖长：测量从肩点到腕关节的尺寸，针对偏瘦的手臂（标准尺寸：60厘米，落肩袖宽松板型的尺寸：55厘米）。
- 腕围尺寸：换手腕一周测量，确保腕围尺寸可以使紧握的拳头伸出（标准尺寸：18厘米；宽松板型的尺寸：28厘米）。罗纹袖口可以添加在腕部，使服装更贴体。

宽松V领落肩袖服装纸样制作

使用本书第180页的测量尺寸绘制宽松落肩袖上衣板型。你可以通过增加胸围和袖窿深度来增加更多松量。为了实现袖笼更浅的合体型原型样板，减少胸围和袖窿深度2～3厘米。身长和袖长同样可以变化。

前、后片大身样板

1. 1—2：折叠纸样——将纸样裁剪一半。从折线开始，以1／4胸围长度（例如：31厘米）画垂线。
2. 2—3：过点2向1—2作垂线，来完成服装的长度（如80厘米），并以1／4胸宽尺寸和衣长尺寸画矩形。
3. 1—4：测量1／2的后颈宽位置（如9厘米）。过该位置作2.5厘米的水平行线，过水平线端点作垂线，然后将垂线延伸至折线。绘制后领弧线，如示意图中虚线所示。
4. 5—6：从后颈点沿前中折线，测量前领深（如29厘米）。
5. 4—6：从肩线起点向前领深终点画一条斜线。以这种形式画出V领的形状，如示意图中虚线所示。
6. 2—7：从肩线终点向下4.5厘米，画一条直线与侧颈点相交，形成肩斜线，如示意图中实线所示。
7. 7—8：测量袖窿深（如29厘米），过袖窿底作垂线至折线处，如示意图中虚线所示。
8. 如果有需要，可以在原型样板上增加罗纹的高度线（这取决于设计）。
9. 重新画出领围线来获得两个独立的板型：1／2的前、后片大身板。（一半的大身板可以通过镜像方式来完善，使形成完整板型）。
10. 如果需要不对称的设计，可以打开打板纸来绘制完整的纸样。

落肩袖板

1. 1—2：折叠纸样，将纸样裁剪一半。从折线开始，以1／2袖宽画垂线（例如，袖窿深尺寸：29厘米）
2. 2—3：以袖长尺寸（如55厘米）向刚完成的线条作垂线，并以1／2的袖子宽度尺寸和袖长尺寸绘制长方形。
3. 4—5：测量袖口宽度（如15cm）。
4. 5—6：以袖口宽度为基准，沿中心折线的水平线上移大约4厘米。然后，如果有需要（取决于设计），向中心折线作垂线，来绘制罗纹高／袖口高线，使纸样完整。罗纹高和袖口高可以是你选择的任何尺寸，这取决于设计。需将腕围尺寸考虑在内。

5. 5—2：从袖口宽部点5，画一条斜线至袖宽线点2，并画袖侧缝线。（可以在这个阶段验证袖长尺寸；注意落肩袖会影响袖长尺寸）
6. 这样就得到了一半的袖子板型，另一半袖子板型可以通过以袖中线作镜像的方式来完成。
7. 一旦完成大身和袖子的板型，可以给所有板型的外边缘添加1厘米的缝份余量。用弹力针织坯布制作样衣来检验尺寸和比例。

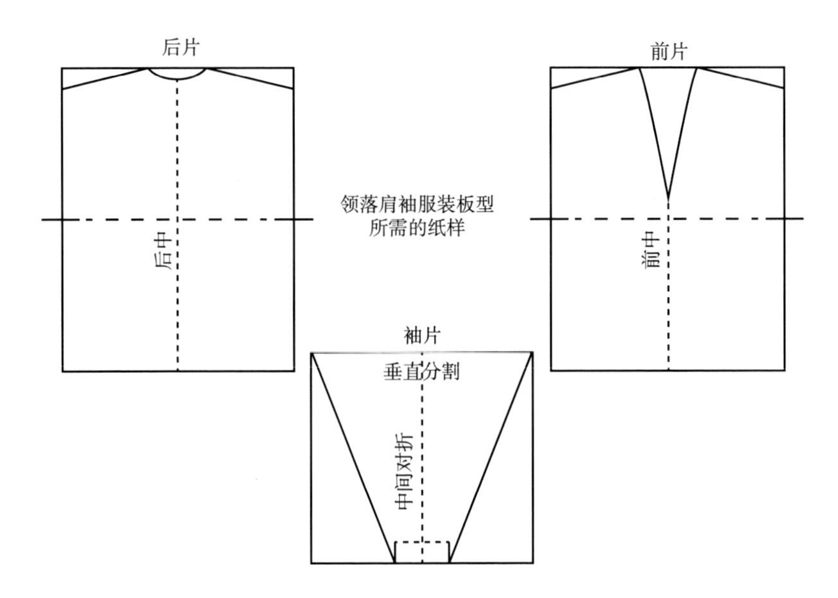

图6-44
简单的纸样指导，展示了制作落肩袖上衣基础版需要的纸样部件。

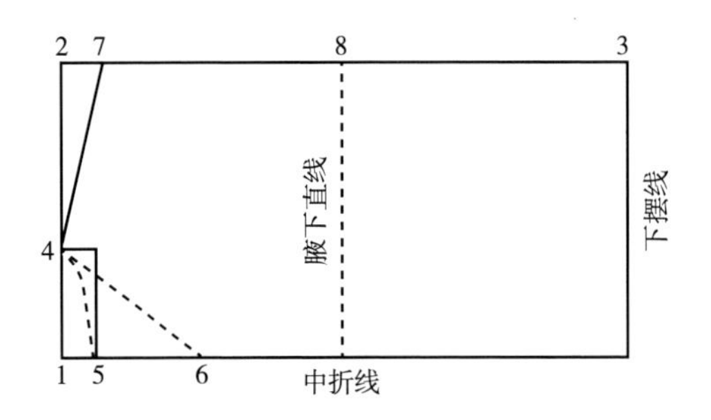

2
3
袖窿
6
5
1
中折线
4

图6-45
简单纸样指导，针织宽松落肩袖上衣基础板的大身板型。

图6-46
简单纸样指导，针织宽松落肩袖上衣基础板的袖子板型。

宽松落肩袖服装的基础针织纸样

接下来要用密度小样计算得出针织纸样，请参阅本书第112页至114页用于服装原型的针织纸样案例。

这个简单的原型纸样是为了说明计算针织纸样的基本原理。这个形状只是一个基础，可以改变测量尺寸，以适应个人的设计。这个案例使用的织物密度为3针／厘米，4行／厘米。因此，以这个密度尺寸制作宽松型落肩袖原型板，大身前片和后片需要各起186针。每个袖片需要各起75针，从袖口开始编织并不断加针，依据袖子长度平织220行，来得到袖窿共需的87针（大约每18行增加一针）。

贴士

针数和行数的计算（参见本书第115页）。

计算针数和行数对于编织一件衣服是非常重要的。你通常需要画出对角线或斜线，如领口、肩部、袖窿和袖子。所有成型衣片的计算方法基本相同：将需要减去的针数分配到需要做减针编织的行数中，这将使你在两次减针编织动作间，编出需要的行数。

贴士

领型（参见本书第117页）。

大多数领型都以相似的方法编织而成，通常先在领子中间进行局部编织，然后根据形状分别编织领子两边（如方形领口）；当编织领子的一侧时，领子的另一侧处于休止状态。此外，可以先用废纱编织未成型的一侧领子，这样可以使织物暂时离开针织机，当使用超细纱线编织时，这种方法很有用。因为这样可以避免机头多次往返于休止织针上。编织V领时，一次只编织一侧的领子，编织时减去需要的针数，直到编织到颈部。对于圆形领口，你需要检查整体尺寸是否正确；如果不是，需要适度调整领口形状。后领通常可以编织成直线，但如果要达到更好的效果，最好编织成轻微的曲线。

可搭配各种领型（参见本书第124页的衣领和领口）。

当编织V领时，你需要将一半的织针分给领的另一边，这一半的织针在机头经过时处于休止状态，不编织。编织相应的行数（根据样片计算的数据），然后做减针编织，运用这种减针编方式，来塑造V领。继续以这种方式编织，直至到达编织区域内需要做肩部编织的织针位置，在完成一侧领子的编织并完成肩部收针后，可以开始另一侧的编织工作。

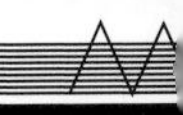

贴士

注意事项：肩部造型（参见本书第118页）。

肩部造型是通过将织针依次休止的方式编织，休止从机头反面的袖窿边缘开始。

测量肩斜，从肩点向领口线画水平线，然后从这条线画垂直线与领口线相切，这条线表示肩斜的高度与行数，水平线表示肩宽和针数。用针数除以行数就得出每行要休止的针数。当编织完成，用移圈器将织针都置于工作位置，收口之前要再编织一行。如果缝份需要缝合，先用废纱收口。

落肩袖的设计通常不需要编织形状，编织成直线就可以。通常后片的领子和肩线可以合在一起编织。如果需要斜线领口，也可以同时编织前领口与肩线。

袖子板型绘制

宽松的落肩袖板型有多种轮廓，使其可以很好地适应各种延伸设计，比如飞行员夹克、以工装为灵感的设计、工作服造型和外套。这些板型可以很容易地转换成蝙蝠袖板型，从而打开服装延伸设计的可能性。更多双性风格的样式，请看作为示例构造图的蝙蝠袖示意图。

1. 描摹宽松落肩袖大身和袖子板型。
2. 将水平的袖山对着落肩袖窿放置。
3. 描摹大身和袖片使它们成为一体的纸样。
4. 从袖口到大身边缘，绘制你想要的造型线。
5. 袖口宽度可能需要增加，给贴边留出位置。
6. 需要考虑袖子纸样的袖宽，因为在编织长蝙蝠袖时，会由于袖子太宽而无法在针织机上完成编织。或者也可以通过改变编织方向来解决这个问题。

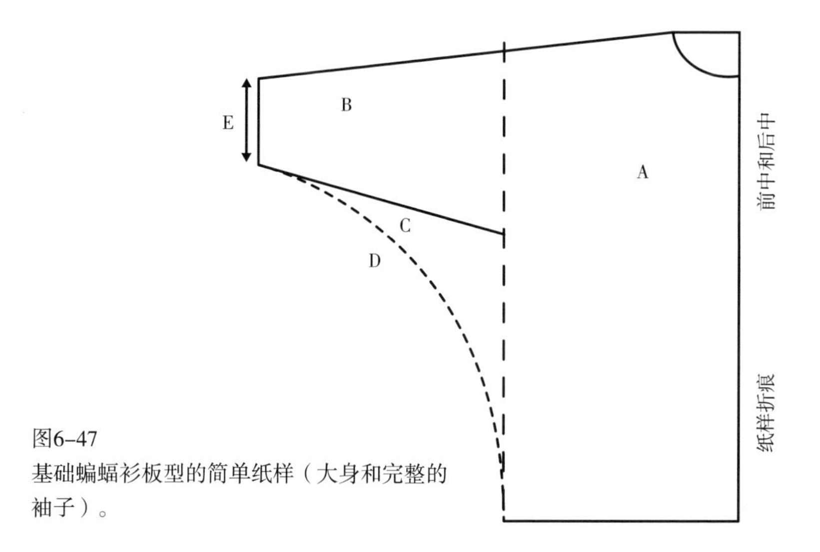

图6-47
基础蝙蝠衫板型的简单纸样（大身和完整的袖子）。

图6-48
卡洛·沃尔皮（Carlo Volpi），配有色块的蝙蝠袖设计示意图。

结语

写这本书的初衷是为读者提供灵感和洞察针织服装设计的不同元素，并向读者介绍尽可能多的基础针织工艺。我希望针织工艺可以启发你去运用纱线、比例和不同的顺序。记住，在初学阶段仅需要掌握很少一部分工艺——一种工艺有很多种运用方法。

这本书中富有洞察力的设计师访谈突出了在针织行业中做设计的广泛而多样的机会。设计师可以在大公司里追求自己的职业生涯，就像凯瑟琳·马夫里迪斯（Katherine Mavridis）在拉尔夫·劳伦（Ralph Lauren）做的那样，也可以在小企业里做设计师/制造商，利用针织物独特的定制元素，就像HJK和Sibling设计公司那样。有些设计师在样品工作室工作，或成立了样品工作室，比如索菲·斯特勒（Sophie Steller）的工作室，做针织概念设计，然后卖给时尚和室内设计行业；其他人则从事趋势预测、造型设计或服装设计。位于伦敦的纺织艺术家和教育家，弗雷迪·罗宾斯（Freddie Robins）利用岛精织技术来创作作品，通常与大规模生产相关的来创作作品，从而将艺术融入工业技术中。与人们普遍认知相反，针织与推动技术创新之间的关系非常密切。

产业背后的技术和当代创意针织实践的产出并不总是显而易见，但这是针织品设计的基础以及令人难以置信的创新来源。具有良好技术专长的毕业生可能希望在医疗纺织品、土工纺织品或建筑领域的合作研究项目中担任顾问。

近年来，人们对时尚和健康产生了浓厚的兴趣。例如，来自布莱顿大学的研究员维克基·哈芬登（Vikki Haffenden）已经将编织技术应用于大码女性的体型；通过使用三维人体扫描和专业软件，她为体型较大的女士设计了更合身的针织衫。2004年，来自诺丁汉特伦特大学的研究人员Tilak Dias和威尔·赫尔利（Will Hurley）为耐克飞织（Flyknit）鞋设计了一款立体针织鞋面。“从扫描到编织”技术，也是由Tilak Dias开发的，能够精确地安装和修正压力衣的累进压力。他的最新研究是探索用于通信系统的针织导电织物的潜力。所有这些发展都使针织处于传统时尚概念所无法限制的技术创新前沿。

就业机会千差万别，所以花点时间考虑一下，当你完成学业的时候，你可以用什么方式来进行你的针织品设计。

希望这本书的内容可以激发你对针织各方面更强烈的求知欲，并激发你开始自己的调研工作。切记从基础学起，然后再进行实践。希望这本书可以帮你在编织自己的针织花型方面树立信心，并提升你对针织纺织品和时装的兴趣。

醋酸纤维纱线 用纸浆纤维和醋酸制成的半合成纱线。

丙烯酸（类）纤维 在20世纪40年代由杜邦公司开发的人造羊毛。

代理商 授权代理销售服装的人员。

羊驼毛 羊驼柔软的细绒毛。

贴布绣 将面料饰以珠子或绣迹，作为装饰缝在梭织或针织面料上。

安哥拉兔毛 来自安哥拉兔子身上细腻、浅色的毛。

阿兰针织衫 一种有绞花肌理的针织物，采用移圈器编织。

不对称 服装的左右两侧不相同。

串珠编织 将珠子串在纱线上，其后可以运用针织编织的方法将珠子编入织物中。

拷边 当编织完成将织物从针织机上取下时运用的技术。

原型 设计服装板型的基本版。

大身 服装的上衣片。

毛圈花式线 一种精致的环状纱线。

项目概要 设计师用来概述项目的目的、宗旨和效果的说明。

绞花 成组的交叉编织，并间隔重复相同的编织组织（扭曲的装饰性纵向线圈）。

三角 针织机器构成的一部分，位于机头下方，当三角进入工作区时，通过相应的织针运动来达到编织的效果。

机头 针织机器最重要的部分，机头携带三角在针床上滑动。

羊绒 来自喀什米尔山羊羊毛下层的绒毛，柔软优质，是比较昂贵的纱线。

起针 在空针上以各种方法起头。

悬链线 一种由链状编结法和管状编结法组成的新颖纱线。

意匠图 将针织图案画在方格纸上。

雪尼尔 一种有天鹅绒般质地的新颖纱线。

计算机辅助设计（CAD） 使用电脑进行时装和针织服装的设计。

概念化 基于理念和原则的设计构想。

锥形筒子 用于缠绕纱线。

凸条 小的管状针织物。

家庭手工业 通常编织者在家中编织生产毛衣。

棉线 纤维源自棉花，柔软且用途广泛。

绉纱 有褶皱机理的纱线或纤维，通常具有伸缩性。

省 在针织成型区域中采用逐渐减小一端或两端的做法来使服装穿着更加合体。

减针 通过合并两针或多针来减小织物宽度的方法。

设计样 设计制作完成通过代理商用于销售的样衣。

双针床 有两块针床的针织机，有两排相对排列的织针。

双面针织物 双面平纹的双面针织物，采用双针床针织机器编织而成，适合制作夹克衫和厚外套。

垂褶 织物悬垂的一种方式。

装饰 在针／机织织物上的装饰性针迹和缝花。

绣花 绣在针织物上的装饰性针迹。

挑针 通过先移走一针上的线圈，并让无线圈的织针处于编织状态，该针即可在下一行起针时编织，最终形成孔洞（这是蕾丝编织的基本方法之一）。

织物正面 针织物最吸引人的那一面。

费尔岛针织 在同行使用双色编织小图案的单层平针织物，在织物背面留有伏线。

流行预测 预测即将到来的潮流。

缩绒 用羊毛制成的厚重织物，经过加工在水和压力的作用下使纤维缠绕融合在一起，这些织物表面没有肌理，由于不能拆解而成为理想的切割对象。

浮线 挂在织针上未进行编织的线。

成型针织编织 塑造针织服装的形状，沿着服装轮廓边缘形成条状的编织肌理。

平针织法 正针编织与反针编织在行间交替进行。

针织机号型 针床上一英寸中所包含的织针数目，织物由固定号型的织针编织而成，织针号型依机器的型号而定。

粗松螺旋纱 有波浪状结构的花式纱线。

接缝 一种无缝接合的缝纫工艺。

根西针织衫（gansey） 一种渔夫穿的传统针织套头衫。

一卷/绞线 未被缠绕在锥形筒子上时，纱线数量的计量单位。

高级定制服装 为私人顾客单独、专门设计制作的服装。

高级时装 次于高级定制且制作数量有限的昂贵服装。

休止针法 当其他织针编织的时候，非工作位的织针握持休止线圈不参与编织。

加针 通过增加新的织针来增加织物宽度的方法。

嵌花 一种编织技术，用于编织单面、无循环或是有大面积强烈对比色的织物，该编织技术比起费尔岛针织和提花编织，要耗费更多时间。

提花 一种双面平针织物，使用打孔卡片或电子机器编织图案，该技术可将伏线织入织物的背面。

针织工艺图 编织服装时的说明，可以标示指出服装廓型在不同阶段需要编织的行数与针数、织针的型号、纱线的支数以及使用的组织。

网眼组织 通过挑孔来形成图案的单层平针织物，使用蕾丝编织针织机或手工编织工具制作而成。

衬垫组织 在编织细纱线时加入一根粗纱，随后在细纱编织时粗纱被织入，在织物的一面形成机织效果。

结子纱 一种有间隔的小结节的花式纱线。

蕾丝 由交错的透明或不透明组织构成的织物，使用蕾丝编织针织机或手工编织工具制作而成。

空针编织 通过脱圈使针织组织脱散的技术，脱圈可以随机产生也可以刻意设计。

羔羊毛 100%纯羊毛。

修补编织 用钩针将漏针的线圈以及脱圈的浮线修复。

亚麻线 纤维来自亚麻。

卢勒克斯织物 一种花式纱线，采用压成薄片或塑化的金属制作而成。

莱卡 由杜邦公司开发的人造弹力纤维。

市场 特定产品的商业贸易。

夹色纱线 由两根或两根以上的纱合股加捻产生的线。

大众成衣 批量生产的有固定号型的成衣。

美利奴羊毛 取自美利奴绵羊的高品质羊毛。

马海毛 用安哥拉山羊毛纺制的纱线。

既定目标市场（利基市场） 生产特定产品针对的特定的市场。

尼龙 人造聚酰胺纱线。

针织局部编织（休止编工艺） 一种针织编织工艺，在同行中进行局部编织，编制数行后，编织者可以减少编织的针数，来形成一块三维织物或变化色块。

纸样 纸制样板被用来反映服装的廓型，服装廓型是制作针织服装纸样的起点（参见针织服装纸样）。

环状装饰边 一种蕾丝装饰边，由镂空的孔构成。

添纱织物 同时用两根纱线编织。在编织单层平针织物时，一根线在正面可见，另一根线在背面可见；当编织双层平针织物时，第二根线会被藏在织物的中间，只有织针在运动时才能够显现织物内部的第二根线。

针床移位（摇床） 在使用双针床编织时采用的技术；由于一边针床可以移动，使两块针床不同列，在横向编织时两板的织针即可相互交叉。

人造丝 由木浆制造的再生纤维素纱线。

罗纹 由平针的纵向线圈与反针构成的弹性针织组织，用于修饰服装的腰部，领口和袖口。

行数 用横列计数器记录机头运转的次数。

样衣小样 最初用来调试色彩和工艺的设计样板。

锁边，套口 缝合针织物边缘的线圈。

引返编织 一种针织工艺，在未完全完成横行的编织时，掉转机头编织下一行。

廓型 服装的外部轮廓。

单面平针织物 采用单针床针织机器编织的轻薄织物，用于制作T恤和女士内衣。

信克片 位于针床上部的一行金属片。

人台 制作服装时使用的人体模型。

针 编织时形成的单个线圈。

目标市场 零售商销售产品的目标人群。

密度小样 通过测算针数和行数来完成针织设计的样片。

样衣 采用廉价织物制作的服装初始样本。

移圈编织 将一支织针上的线圈移到旁边的针上。

拉针组织 纱线被挑起至于织针上，不进行编织。

线圈纵列（针） 针织编织的竖行。

经编 由垂直的链状线圈组成；这些线圈在整个针织物的横幅上交叉连接，用于制作夏装，运动装和女士内衣。

废纱编织 使用废纱编织；在起针时编织一定行数的废纱来牵挂重锤，同时可以在编织时固定线圈。

纬编 由一系列在横向上不断重复的线圈构成，一行线圈与下一行线圈的相互连接构成了针织物的长度。

粗纺毛纱 柔软、笨重而光亮的纱线，由仅经过粗梳而未精梳的纤维纺制而成。成分上可以不含羊毛。

精纺毛织物 柔滑的精梳羊毛纱线。纤维经过平行排列精梳，变得柔滑而强韧。

纱线支数 有关纱线粗细的信息，与纱线的长度和重量相关。有若干种纱线计量体系，在公制计量中，数字越大代表纱线越细，例如2/32s的纱线要比2/28s的纱线细。

基础编织符号

符号和图表是解释说明每一步针织工艺的最容易的方法。鉴于编织者可以看见悬挂在针织机上织物的反面组织，因此普通的针织机编织图通常描绘织物反面的组织。更加复杂和时尚的图表可能会描绘针织正面组织而不会出现上针编织符号。这样做是因为在设计制作中可以展现出向上倾斜的针迹。

示意图可以展现织针的设置并且可以说明哪些织针在移动，织针移动的方向，以及在一次编织过程中所移动的针数。同时它还能说明要编织的行数。以下符号显示的是普通图表。

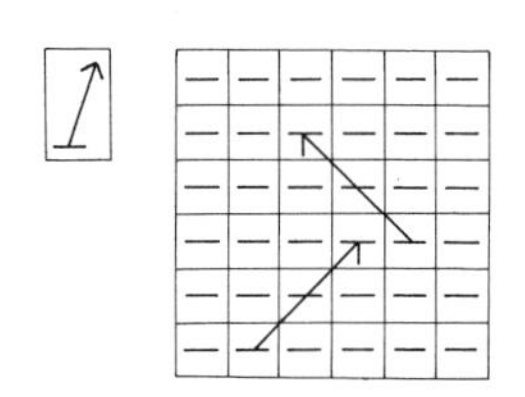

挑针编织，箭头指示出线圈被挑起并悬挂的位置，箭头的底部显示线圈被挑起，箭头的前段显示悬挂线圈的织针的行数。

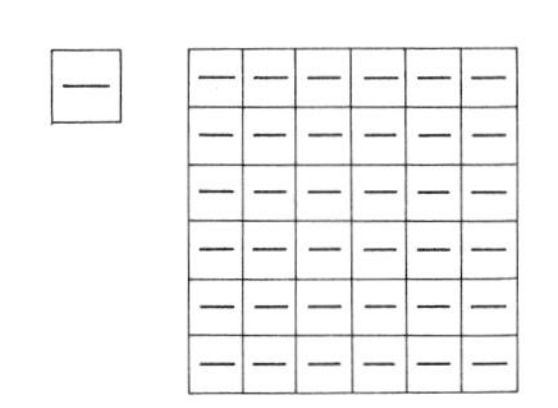

上针编织符号，当织物挂在针织机器上编织时，这一面对着编织者。

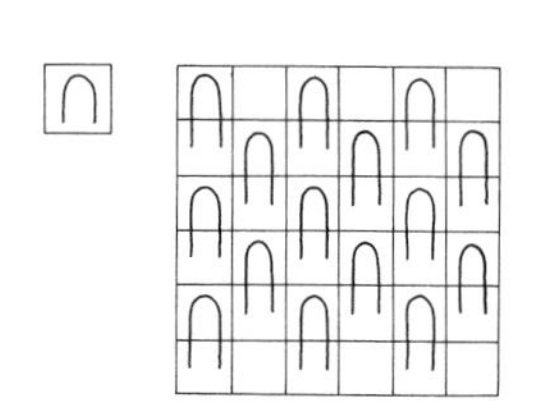

拉针编织，每隔一针编织一针拉针，来形成交替的图案。这种花型可运用机头上的拉针三角，或者通过休止织针，来形成拉针。

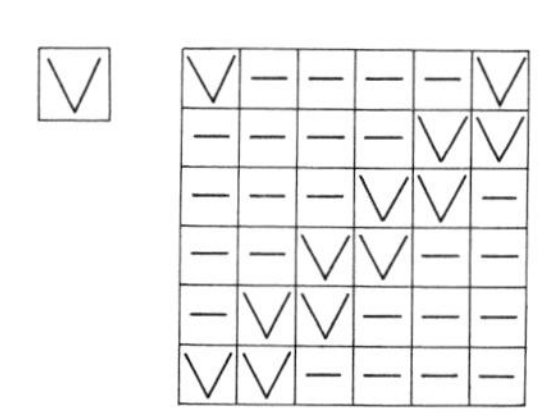

跳针编织，该图显示的是织物的反面组织；可以在机头上选择跳针编织或者手工编织来实现。

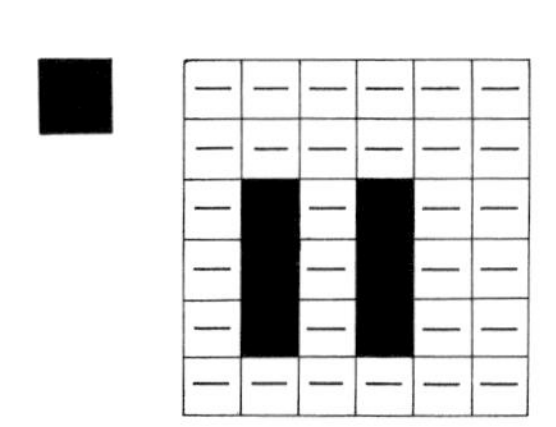

休止位置，图表显示第2针和第4针被休止，在第2、第3、第4针上形成拉针。

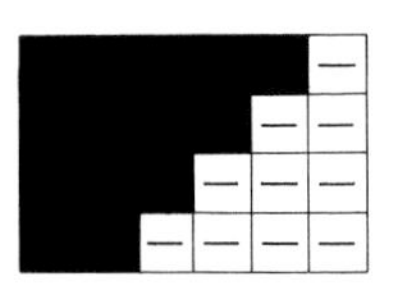

休止位置，织针被休止形成引返编织的形式，并且休止的针数逐行增加。

实用知识点

纱线支数

织线支数是表示纱线的粗细与相对重量的计量系统。这种计量系统提供了一种计算所需纱线长度的方法。一般采用两个数字表示，如2／6s（读作两股六支）。第一个数字代表该纱线含有的单纱数目，第二个数字代表每根单纱的重量。在很多传统制度中，它指的是依据纱线的磅重而产生的相应捆数。磅重一定时，纱线的捆数越多，纱线就可能越细。

为了能计算出所需纱线的长度和重量，首先需要了解单捆纱线的长度标准。这一标准会根据纱线的种类变化。对棉纱而言，标准长度是840码。对于精纺羊毛线而言，是560码。

例如，如果你要使用560码每捆的精纺羊毛纱线，该线标着两根纱六支，需要用560乘以纱线的捆数6再除以单纱的根数2。一磅两根单纱的精纺羊毛毛线长度应为1536米。筒子纱一般以500g的倍数出售；了解每桶纱线的长度可以得知纱线的粗细。

公制系统是指所有纤维每根的长度为1000米，以及每根重量为1克的纱线长度的米数。

其他制度包括丹尼尔制度，该制度应用于人造单纤维纱线；特克斯支数制度。以上两者都是基于单位长度纱线的克重。

更好地了解纱线支数的资源：http：//offtree.co.uk/converter/index.html.

索 引

我对在此次项目进程中给予我支持的每个人表示感谢。尤其要感谢那些才华横溢的设计师以及学生们，他们分别来自诺丁汉特伦特大学，布莱顿大学，伦敦时装学院，皇家艺术学院，马丁艺术学院，纽约帕森斯设计学院。你们富有想象力的设计和文本工作所做的贡献成就了这本书。

同时，也要感谢为这本书提供了灵感和精彩图片的设计师们：弗雷迪·罗宾斯（Freddie Robins）、谢莉·福克斯（Shelley Fox）、索菲·斯特勒（Sophie Steller）、凯瑟琳·马夫里迪斯（Katherine Mavridis）、汉娜·詹金森（Hannah Jenkinson）和品牌SIBLING的设计师科泽特·麦克里瑞（Cozette McCreery）。特别感谢卡洛·沃尔皮（Carlo Volpi）为最后的男装章节做的贡献。

感谢桑迪·布莱克（Sandy Black）一直以来的支持，也感谢她在本书序言中提出的富有启发性和深刻见解的智慧之言。我要特别感谢谢莉·福克斯（Shelley Fox）和纽约帕森斯设计学院时装设计与社会艺术硕士的负责人唐娜·卡兰（Donna Karan）教授，感谢她对我的帮助和支持，也感谢她把我引荐给了那些非常有才华的设计师。我还要特别感谢我的朋友伊丽莎白·欧文（Elizabeth Owen）和吉娜·费里（Gina Ferri），他们是伦敦的服装供应商。在我最初研究针织品和装饰风格时，他们不知疲倦地帮助我寻找过去的针织服装。

感谢亚历山大·麦昆（Alexander McQueen）的珍妮特·西施格伦德（Janet Sischgrund）提供了一些精美的图片；感谢维多利亚和阿尔伯特博物馆的Sarah Hodges为我的针织样片拍摄了精彩的照片，也感谢马乔乔（Jo-Jo Ma）拍摄的优秀照片。

当然，非常感谢布鲁姆斯伯里的每一个人，特别是我的编辑露西·蒂普顿（Lucy Tipton），感谢她的重要贡献和团队；我想再次感谢她，感谢她忍受我在时间上无尽的要求，感谢她惊人的耐心。谢谢你给我这么好的学习机会。

序

图0-1　瑞贝卡·斯旺

图0-2　阿比盖尔·库普，伊莎贝尔·伍德罗·杨拍摄

图0-3　凯瑟琳·马夫里迪斯，时装设计与社会方向艺术硕士，帕森斯设计学院

第1章

图1-1　比约尔格·斯卡弗辛斯代蒂尔，时装设计与社会方向艺术硕士，帕森斯设计学院

图1-2　天使来访，维基百科／公共领域

图1-3　照片由打印收藏家／盖蒂图片社提供

图1-4　设德兰博物馆和档案

图1-5　肯德尔·贝克

图1-6　照片由安东尼奥·德·莫雷斯·巴罗斯·菲略／WireImage提供

图1-7　汉娜·泰勒，由马乔乔拍摄

图1-8　照片由米歇尔·梁／WireImage／盖蒂图片社拍摄

图1-9、图1-10　版权归凯瑟琳·布朗所有

图1-11～图1-12　瑞秋·威尔斯

图1-13　设德兰博物馆和档案

图1-14　摄影师：杰瑞克·科托姆斯基

图1-15　安德鲁·佩里斯摄影

图1-16　艾莉森·蔡，时装设计与社会方向艺术硕士，帕森斯设计学院，保罗·荣格拍摄

图1-17～图1-20　安德鲁·佩里斯拍摄

图1-21～图1-23　山姆·巴蒂斯

图1-24、图1-25　由马乔乔提供

图1-26、图1-27　安德鲁·佩里斯

图1-28～图1-30　佩妮·布朗

图1-31～图1-34　朱莉安娜·席泽思

图1-35～图1-48　安德鲁·佩里斯

图1-49　通过盖蒂图片社由西莫奈特／赛格玛拍摄

图1-50　弗雷迪·罗宾斯提供，本·库斯-亚当斯拍摄

第2章

图2-1 陈绍岩设计，克里斯托弗·摩尔拍摄

图2-2~图2-8 曹钦柯

图2-9 雪莱·福克斯，朗·范·科伦拍摄

图2-10 通过盖蒂图片社由斯蒂芬·卡迪娜/考比斯拍摄

图2-11 雪莱·福克斯，克里斯·摩尔拍摄

图2-12 雪莱·福克斯，克里斯·摩尔拍摄

图2-13~图2-18 爱丽丝·霍伊尔

图2-19~图2-21 夏洛特·耶茨

图2-22 克里斯蒂·斯帕罗/盖蒂图片社为第一视觉拍摄

图2-23 曹钦柯

图2-24 德里克·劳勒（www.dereklawlor.com），斯奎兹·汉密尔顿拍摄

图2-25、图2-26 瑞贝卡·斯旺

图2-27 茱莉安娜·席泽思，米切尔·萨姆斯拍摄

图2-28~图2-30 瑞贝卡·斯旺

图2-31~图2-33 夏洛特·耶茨，乍得·劳德勒拍摄，模特：弗雷娅·巴特勒

图2-34 安德鲁·佩里斯拍摄

图2-35、图2-36 塔利娅·舒瓦隆，时装设计与社会方向艺术硕士，帕森斯设计学院

第3章

图3-1 针织怪物；托马斯·吉迪斯拍摄；造型师：圣罗德里格斯；模特贝诺尼·卢斯

图3-2 安德鲁·佩里斯

图3-3~图3-6 曹钦柯

图3-7、图3-8 安德鲁·佩里斯拍摄，a到f为安娜贝尔·斯科普斯

图3-9~图3-11 版权归凯瑟琳·布朗所有

图3-12~图3-14 塔利亚·舒瓦洛夫，时装设计与社会方向艺术硕士，帕森斯设计学院

图3-15、图3-16 佩妮·布朗

图3-17 罗布·鲍尔/WireImage/盖蒂图片社拍摄

图3-18 佩妮·布朗

图3-19 茱莉安娜·席泽思，安德鲁·佩里斯拍摄

图3-20 卡洛·布塞米/WireImage/盖蒂图片社拍摄

图3-21 茱莉安娜·席泽思，驻馆设计师，伦敦维多利亚和阿尔伯特博物馆

图3-22 佩妮·布朗

图3-23、图3-24 多杰·德伯格/布莱恩·蒂林forget.rip

图3-25、图3-26 佩妮·布朗

图3-27 安德鲁·佩里斯拍摄

图3-28、图3-29 佩妮·布朗

图3-30、图3-31 艾莉森·蔡，时装设计与社会方向艺术硕士，帕森斯设计学院，保罗·荣格拍摄

图3-32~图3-35 贾斯汀·史密斯

图3-36、图3-37 艾莉森·蔡，时装设计与社会方向艺术硕士，帕森斯设计学院，保罗·荣格拍摄

图3-38 安东尼·德·莫雷斯·巴罗斯·菲尔/Wire Image/盖蒂图片社拍摄

图3-39 通过盖蒂图片社斯蒂芬·卡迪娜/考比斯拍摄

图3-40 安德鲁·佩里斯拍摄

图3-41~图3-49 索菲·斯特勒

图3-50~图3-52 安德鲁·佩里斯拍摄

图3-53~图3-55 由马乔乔提供

第4章

图4-1 耶玛·斯凯和巴勒特高级时装

图4-2 安德鲁·佩里斯拍摄

图4-3 佩妮·布朗

图4-4 安德鲁·佩里斯拍摄

图4-5 佩妮·布朗

图4-6~图4-9 安德鲁·佩里斯拍摄

图4-10 由雪莱·福克斯提供，Chris Moore拍摄

图4-11~图4-14 安德鲁·佩里斯拍摄

图4-15、图4-16 佩妮·布朗

图4-17　由大卫·威尔森提供

图4-18　安德鲁·佩里斯拍摄

图4-19～图4-23　凯瑟琳·马夫里迪斯，时装设计与社会方向艺术硕士，帕森斯设计学院

图4-24～图4-26　安德鲁·佩里斯拍摄

图4-27　纳塔利娅·皮尔彭卡，时装设计与社会方向艺术硕士，帕森斯设计学院，莫妮卡·费迪拍摄 / Feudiguaineri.co

图4-28　安德鲁·佩里斯拍摄

图4-29　安娜·玛丽亚·格鲁伯

图4-30、图4-31　比约尔格·斯卡弗辛斯代蒂尔，时装设计与社会方向艺术硕士，帕森斯设计学院

图4-32～图4-34　安德鲁·佩里斯拍摄

图4-35～图4-38　佩妮·布朗

图4-39～图4-41　山姆·巴蒂斯

图4-42　佩妮·布朗

图4-43　塔利亚·舒瓦隆，时装设计与社会方向艺术硕士，帕森斯设计学院

图4-44、图4-45　佩妮·布朗

第5章

图5-1　艾莉森·蔡，时装设计与社会方向艺术硕士，帕森斯设计学院，保罗·荣格拍摄

图5-2　纳塔利娅·皮尔彭卡，时装设计与社会方向艺术硕士，帕森斯设计学院，莫妮卡·费迪拍摄 / Feudiguaineri.co

图5-3　纳塔利娅·皮尔彭卡，时装设计与社会方向艺术硕士，帕森斯设计学院，莫妮卡·费迪拍摄 / Feudiguaineri.co

图5-4　纳塔利娅·皮尔彭卡，时装设计与社会方向艺术硕士，帕森斯设计学院，莫妮卡·费迪拍摄

图5-5　艾莉森·蔡，时装设计与社会方向艺术硕士，帕森斯设计学院，保罗·荣格拍摄

图5-6　茱莉安娜·席泽思，马乔乔拍摄

图5-7　佩妮·布朗

图5-8　HJK：汉娜·詹金森设计的针织服装，时装设计与社会方向艺术硕士，帕森斯设计学院

图5-9　安德鲁·佩里斯拍摄

图5-10　安德鲁·佩里斯拍摄

图5-11　佩妮·布朗

图5-12　安德鲁·佩里斯拍摄

图5-13　HJK：汉娜·詹金森设计的针织服装，时装设计与社会方向艺术硕士，帕森斯设计学院

图5-14　HJK：汉娜·詹金森设计的针织服装，时装设计与社会方向艺术硕士，帕森斯设计学院

图5-15　约翰·布莱特档案，来自Cosprop Ltd，伦敦，茱莉安娜·席泽思拍摄

图5-16　佩妮·布朗

图5-17　维托里奥·祖尼奥·塞洛托 / 盖蒂图片社拍摄

图5-18　维托里奥·祖尼奥·塞洛托 / 盖蒂图片社拍摄

图5-19　HJK：汉娜·詹金森设计的针织服装，时装设计与社会方向艺术硕士，帕森斯设计学院

图5-20～图5-22　HJK：汉娜·詹金森设计的针织服装，时装设计与社会方向艺术硕士，帕森斯设计学院，莫妮卡·费迪拍摄

图5-23　HJK：汉娜·詹金森设计的针织服装，时装设计与社会方向艺术硕士，帕森斯设计学院

图5-24　西蒙娜·沙莱斯

图5-25　约翰·布莱特档案，来自 Cosprop Ltd，伦敦，茱莉安娜·席泽思拍摄

图5-26　佩妮·布朗

图5-27、图5-28　安德鲁·佩里斯拍摄

图5-29、图5-30　比约尔格·斯卡弗·辛斯代蒂尔，设计的针织服装，时装设计与社会方向艺术硕士，帕森斯设计学院

图5-31　约翰·布莱特档案，来自Cosprop Ltd，伦敦，茱莉安娜·席泽思拍摄

图5-32～图5-34　安德鲁·佩里斯拍摄

图5-35～图5-42　佩妮·布朗

图5-43　HJK：汉娜·詹金森设计的针织服装，时装设计与社会方向艺术硕士，帕森斯设计学院

图5-44～图5-51　佩妮·布朗

图5-52～图5-54　卡桑德拉·维蒂·格林，www.cassandraveritygreen.com，杰瑞克·科托姆斯基拍摄

第6章

图6-1　阿比盖尔·库普，佩里·亚里山大·吉布森拍摄

图6-2　通过盖蒂图片社由Keystone-France / 马拍摄

图6-3　悲伤的泰迪 2015年秋冬发布会，压轴秀；摄影师：克里斯托弗·达迪；造型师：马修·约瑟夫；模特：马特·罗德维尔

图6-4　兄弟品牌2015年秋冬发布会；摄影师：克里斯托弗·达迪；造型师：马修·约瑟夫

图6-5　兄弟品牌后台2017年秋冬发布会；摄影师：鲍西娅·亨特；造型师：朱迪·布恩

图6-6　兄弟品牌后台2017年春夏发布会；摄影师鲍西娅·亨特；造型师：马修·约瑟夫 和菲比·阿诺德

图6-7～图6-13　多杰·德伯格 / 布莱恩·蒂林 / forget.rip

图6-14～图6-18　艾拉·尼斯贝特

图6-19～图6-25　本·麦克南

图6-26～图6-29　拉塔莎·哈蒙德，www.artsthread.com/profile/latashahammond/

图6-30～图6-35　玛蒂尔达·德雷珀

图6-36～图6-39　肯德尔·贝克

图6-40～图6-43　卡洛·沃尔皮，www.carlovolpi.co.uk

图6-48　卡洛·沃尔皮